# 亏缺灌溉的生物学机理

◎ 王耀生 等 著

中国农业科学技术出版社

**图书在版编目（CIP）数据**

亏缺灌溉的生物学机理 / 王耀生等著 . -- 北京：
中国农业科学技术出版社，2021.10
ISBN 978-7-5116-5390-1

Ⅰ. ①亏…　Ⅱ. ①王…　Ⅲ. ①灌溉 - 生物学 -
研究　Ⅳ. ① S274

中国版本图书馆 CIP 数据核字（2021）第 122216 号

| | |
|---|---|
| 责任编辑 | 金　迪 |
| 责任校对 | 马广洋 |
| 责任印制 | 姜义伟　王思文 |

| | |
|---|---|
| 出 版 者 | 中国农业科学技术出版社 |
| | 北京市中关村南大街 12 号　　邮编：100081 |
| 电　　话 | （010）82109705（编辑室）（010）82109702（发行部） |
| | （010）82109709（读者服务部） |
| 传　　真 | （010）82106643 |
| 网　　址 | http://www.castp.cn |
| 经 销 者 | 各地新华书店 |
| 印 刷 者 | 北京建宏印刷有限公司 |
| 开　　本 | 170mm×240mm　1/16 |
| 印　　张 | 12.25 |
| 字　　数 | 200 千字 |
| 版　　次 | 2021 年 10 月第 1 版　2021 年 10 月第 1 次印刷 |
| 定　　价 | 86.00 元 |

# 《亏缺灌溉的生物学机理》
# 著者名单

主　著：王耀生

副主著：郝卫平　　刘福来　　李向楠　　冯良山

著　者：束良佐　　魏镇华　　马海洋　　杨爱峥

　　　　李　丽　　王　超　　阮仁杰　　张　鑫

# 前　言

　　作物根系首先感知土壤的水分和养分状况，决定着作物的生长、产量和品质。当作物受到水分胁迫时，根系会感受并响应土壤水分亏缺，表现出增加脱落酸（Abscisic acid，ABA）的合成、改变生长素（Auxin）和细胞分裂素（Cytokinin）的浓度等，并将水分运输到植株的地上部分，从而对植株的生理和生化活动产生重要影响，这是根-冠化学信号调控过程；同时，随着土壤含水量的下降，土壤水势不断降低，作物的根水势也下降，从而影响植株地上部分的水分状况，这是水力信号调控过程；作物受到水分胁迫后，植株木质部汁液的酸碱度会升高，影响化学信号对叶片气孔开度的调节，这是 pH 信号调节过程；作物的养分吸收受到水分胁迫或者水分和养分交互作用的影响，改变植株对养分的吸收利用过程，使植株体内的养分浓度发生变化，养分在植株体内和冠层的分配发生改变，这是养分信号调节过程。以上四个信号的变化调控着水分胁迫下作物的生理生化过程以及水分和养分的利用效率。

　　亏缺灌溉（Deficit irrigation，DI）是在作物对水分非敏感时期减少一部分灌溉水量，产生的轻度水分胁迫不会显著影响作物产量，由此显著提高作物水分利用效率的一种灌溉方式。局部根区灌溉（Partial root-zone drying 或 Partial root-zone irrigation）是基于分根试验发展起来的一种亏缺灌溉方式。局部根区灌溉是每次只给作物的一部分根系灌溉，提供良好的水分条件，湿润根区的根系可以吸收充足的水分，以保证植株正常的生长和生理活动；与此同时，植株的另一部分根系不灌溉，保持在干燥的土壤中。干燥区的根系由于受到水分胁迫产生植物激素，例如脱落酸等，然后向地上部分传导，导致植株叶面积减少，叶片的气孔发生部分关闭，从而降低蒸腾失水，达到提高作物水分利用效率的目的，这也是局部根区灌溉的理论依据和假设。局部根区灌溉根据作物根区是否交替灌溉分为固定根区灌溉和交替根区灌溉两种方式。局部根区灌溉的理论依据也使对交替根区灌溉的研究要远远多于固定根区灌溉的研究，希望充分利用交替根区灌溉产生的化学信号传导等，提高作物的水分利用效率。

虽然亏缺灌溉和局部根区灌溉的研究越来越多，但是系统探索局部根区灌溉节水的生物学机理的研究还很少，也不深入。因此，本书主要聚焦在局部根区灌溉提高作物水分利用效率的生物学机制，从土壤氮素转化过程和作物根系吸收能力两方面，论述局部根区灌溉产生的根区土壤干湿交替过程促进土壤微生物的活性，并提高微生物反应底物浓度的有效性，使有机氮的矿化提高了 25%，同时根系向地上部分的养分吸收增加了 30%，从而使作物氮素营养吸收增加了 16% 的氮素吸收机制。定量研究并解决了为什么局部根区灌溉产生的土壤干湿交替过程能促进作物氮素吸收和氮素利用效率的机理。局部根区灌溉通过两个路径调控水分利用效率，路径一是局部根区灌溉增强叶片气孔的优化调控，这主要是通过化学信号和水力信号等来实现；路径二是增强植株氮素营养吸收和优化氮素在冠层的分配对水分利用产生影响，通过以上两个途径，局部根区灌溉可提高作物的水分利用效率。本书还介绍了利用作物体内 $^{13}C$ 稳定同位素技术（$\delta^{13}C$）指示局部根区灌溉在长时间尺度上优化调控叶片气孔的气体交换过程和作物水分利用效率的提高；使用无机和有机 $^{15}N$ 示踪技术追踪土壤中氮素的转化过程和氮素的吸收利用。除此之外，本书还探索了不同灌溉方式对碳固定和磷素转化与吸收的影响以及未来气候变化 $CO_2$ 浓度提高情境下，亏缺和局部根区灌溉对作物品质提升的影响机理。

本书的出版得到了国家重点研发计划政府间国际科技创新合作重点专项（2018YFE0107000）、中国农业科学院"青年英才计划"和"农科英才"以及中国农业科学院科技创新工程的资助和支持，在此一并致谢。

由于作者知识水平有限，书中难免有疏漏和不足之处，敬请广大读者、同行给予批评指正。

著 者

2021 年 5 月于北京

# 目 录

# 第1章 绪 论

## 1.1 亏缺灌溉和局部根区灌溉定义

农业用水约占全球淡水用量的 70%，在许多干旱地区，这一比例可以达到 90% 以上。可利用水资源的持续减少和短缺，农业灌溉用水需求的不断增加，促进了节水灌溉技术和制度的进步，从而提高作物的水分利用效率（WUE），并对作物产量产生影响，尤其是在干旱和半干旱地区。此外，气候变化的研究表明，未来干旱发生的频率和程度将大幅增加，这会造成许多地区降水量减少、气温升高和干旱影响时间更长。

水分和氮素是决定作物产量和品质的最重要因素。在全球范围内，世界人口的快速增长使粮食需求不断增加，然而，水资源的短缺严重影响着粮食产量的增加。由于全球对化石燃料的需求不断增加，氮肥价格增高。然而，氮肥施用措施不合理或者作物当季利用效率低使超过 50% 的施入田间的氮素损失后进入环境，造成水和大气污染（Galloway 等，2008）。为了应对这些挑战，迫切需要研究如何更有效地利用水分和氮素的农业技术。

亏缺灌溉（Deficit irrigation，DI）和局部根区灌溉（或称分根灌溉，Partial root-zone drying 或 Paritial root-zone irrigation，分别缩写为 PRD 和 PRI）是两种节水灌溉方式。DI 在作物对干旱非敏感的生育时期降低灌溉量，对作物产生一定的水分胁迫，但是对产量的影响却较小。PRI 是基于分根试验发展起来的一种亏缺灌溉方式。PRI 利用干旱诱导的根源化学信号调控植株的生理生态过程，从而达到节水和提高水分利用效率的目的。PRI 的原理是，植株的一部分根系保持在干燥的土壤中，干燥区的根系受到水分胁迫后产生植物激素，例如脱落酸（ABA）等，然后向地上部分传导，使叶片的气孔发生部分关闭，叶面积减少，降低了蒸腾失水。与此同时，另一部分根系在良好土壤水分条件的土壤中，湿润区的作物根系可以在良好的土壤水分条件下吸收水分，以满足正常的生长需求。研究已经表明，与 DI 相比，PRI 可以进一步提

1

高 WUE（Wang 等，2010a）。

## 1.2　局部根区灌溉的生物学机理

影响植物吸收水分和作物产量的环境因子主要有辐射、$CO_2$ 浓度、湿度、温度、土壤水分和养分有效性。在田间条件下，可以调控的变量只有土壤水分和养分状况。灌溉和施肥是农业生产中调控土壤水分和养分状况的主要措施。常规的灌溉方法是基于满足作物对水分的全部需求，以避免减产。然而，随着淡水资源的减少，农业生产中在减少灌溉用水的情况下如何保持作物产量成为一个重要的议题。因此，需要将以往的主要注重产量的灌溉管理方式向基于单位用水量的作物产量转变。

当土壤含水量下降到一定水平以下时，根水势降低，这会刺激包括 ABA 在内的多种植物激素的合成。早期的研究表明，根源 ABA 是一种干旱信号。当植株根水势（$\Psi_r$）降低时，ABA 激素会在根系产生（图 1-1），并可通过蒸腾输送到植株的地上部，诱导叶片气孔开度降低（图 1-2），而此时植株的叶水势可能并不会发生显著变化（Liu 等，2005）。

利用 ABA 信号传导调控气孔开度和叶片生长的生理机制，基于分根试验，发现了一种新的节水灌溉方式，即局部根区灌溉（PRD 或 PRI）。最初的 PRI 的研究首先是被应用于葡萄栽培（Loveys，1984）。

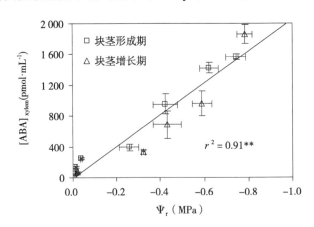

图 1-1　轻度水分胁迫对马铃薯木质部 ABA 浓度和
$\Psi_r$ 的影响（Liu 等，2005）

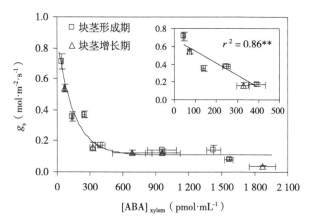

图 1-2　轻度水分胁迫对马铃薯木质部 ABA 浓度和
叶片气孔导度的影响（Liu 等，2005）

　　由于植株可以从湿润根区吸收大量的水分，以满足作物生理活动的需要，而叶片的光合速率也可以保持在一个比较高的水平上，这显著提高了叶片水平的水分利用效率（图 1-3）。研究发现，在 PRI 处理下，植株根系从湿润根区吸收了更多的水分，这是由于湿润根区的土壤水势更高，植物根系也更易于从湿润根区吸收水分，这使湿润根区土壤含水量不断下降，从而导致植株的湿润根区和干燥根区的土壤含水量差异变小。王耀生等研究发现，当 PRI 处理的灌溉量是充分灌溉处理灌水量的 70% 时，经过几次交替灌溉后，PRI 处理的土壤水分与亏缺灌溉（DI）相似。

　　一些研究表明，PRI 处理可以保持与充分灌溉处理相似的叶水势，这是由于作物根部增加了湿润根区土壤中的根系吸水率，从而增加了从湿润根区吸收的水分。而其他一些研究则表明，与充分灌溉相比，PRI 和 DI 处理都会降低叶水势。叶片叶水势的降低表明植株的地上部有水分亏缺，这可能会对作物的生长和产量产生不利影响。很多研究把 PRI 与充分灌溉做比较，因此得出 PRI 可以节约水分，提高水分利用效率的结论。在相同灌溉量下，PRI 和 DI 处理的叶水势及气孔导度不同，PRI 植株的叶水势会高于 DI 处理。这表明，当 PRI 处理的灌水量与 DI 相同时，前者植株的水分状况更好，尽管有时候这种差异在统计学上并不显著。这些研究结果都表明，与 DI 相比，PRI 处理改善植株的水分状况可能是由于土壤再湿润后作物可以迅速改变其吸水模式，减少从干燥根区吸收水分，选择优先从 PRI 容易获得水分的湿润根区吸收水分。

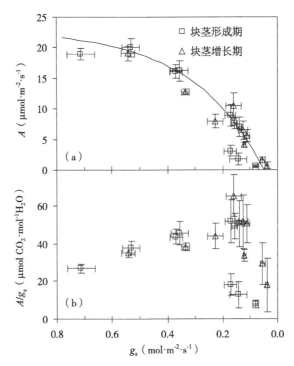

图 1-3 轻度水分胁迫对马铃薯叶片光合速率、气孔导度和叶片水分利用效率的影响（Liu 等，2005）

## 1.3 局部根区灌溉对作物生长和生理生态的影响

### 1.3.1 ABA 信号与气孔调控

作物可以通过减小气孔开度调控叶片失水，这种现象在作物受到水分胁迫后普遍存在。这种调控过程主要是由两种干旱信号调节，即化学信号和水力信号，因此，通过测定这两种信号可以判断植株的水分状况。化学信号是受水分胁迫后根系产生的植物激素，这些激素通过木质部运输至地上部，从而调控植株的生理过程。当植株地上部水分状况因根系吸收水分下降而降低时，会产生水力信号。在干旱胁迫的早期阶段，水力信号产生作用之前，化学信号可能占主导地位，而在严重干旱条件下，当叶水势不断下降，化学信号可能会变得不如水力信号更重要。早期分根试验的研究发现，当部分根系受到水分胁迫时，木质部 ABA 含量显著增加，这是气孔导度和叶片生长降低的重要原因。研究表明，PRI 和 DI 都能诱导 ABA 信号传导，调节气孔导度和叶片生长，但是在相同灌溉量下，相对于 DI 处理，PRI 可以强化 ABA 信号，从而加强控制叶片蒸腾失水过程，进一步提高 WUE。

大量研究表明，在相同灌溉量下，PRI 和 DI 具有相似的叶水势和气孔导度。Sadras（2009）进行的荟萃分析比较了在田间试验中相似灌水量下 PRI 和 DI 的气孔导度和叶片水势，发现这两种灌溉处理之间的气孔导度、叶片水势无显著差异。de Souza 等（2003）研究指出，尽管 PRI 和 DI 处理的葡萄具有相似的气孔导度，但 PRI 对碳同化几乎没有影响，提高了 PRI 叶片和植株水平的 WUE。也有研究表明，PRI 和 DI 处理植株具有相似的气体交换和水分状况，然而，PRI 植株叶片的净光合日变化明显小于 DI，提高了叶片水平的 WUE。因此，与 DI 处理相比，PRI 处理的植株具有更强的光合能力。

### 1.3.2　叶片生长

叶片生长对水分亏缺非常敏感，往往是中度水分胁迫下植株的早期响应之一。在干旱条件下，由于植株叶片水分状况下降和化学信号传导，使作物叶片的生长受到限制。有研究发现，PRI 处理降低了植株的叶面积指数，但是仍然可以截获 90%～95% 的光辐射。与此同时，叶面积的减少可以显著降低作物的蒸腾速率，但可以保持作物的光合作用和生长速率，这可以部分解释为什么 PRI 处理与充分灌溉处理相比，灌溉水量虽然减少了 30%，但仍可以保持马铃薯的产量。与 DI 和充分灌溉处理相比，PRI 处理对营养生长具有更强的抑制和控制作用，可以在营养生长和生殖发育之间实现更好的平衡，有利于光合产物分配到果实或种子中。

### 1.3.3　根系生长和根导水率

根系的主要功能是吸收水分和养分。根系形态、根冠比、根系活力、根长密度和单位根表面积吸收效率是决定作物获得水分和养分的重要因素。水分亏缺通常会限制根系生长，然而，有研究表明，PRI 可以刺激根的生长，特别是新的次生根的生长，从而增加根密度，使根系向更深的土层生长。PRI 促进侧生新根的生长可能是由于 ABA 含量升高，促进同化物分配到根中，并抑制根系中乙烯的释放。在交替灌溉后，再湿润干燥的土壤可以极大地促进次生根的产生和生长，提高根系吸收水分和养分的能力。在这种情况下，根系能够探索更大体积的土壤来吸收养分，同时从更容易获得水分的区域吸收水分。干燥根区的的根表面积显著大于湿润根区的根表面积，而且根系有向深层生长的趋势，而在 DI 和 FI 处理中，不同土层的根系分布更为均匀。Mingo 等（2004）发现 PRI 处理的番茄根系生物量比均匀灌水的植株高 55%。Hu 等（2011）研究指出，与充分灌溉处理相比，PRI 处理灌溉根区的导水率显著增加，这表明 PRI 对根系吸水具有显著的补偿作用。此外，PRI 处理土壤干湿交替过程可以加速细根的转化，腐烂的根系将有助于形成不稳定的土壤有机氮库，该有机氮库很容易被根际微生物分解。因此，PRI 处理促进了根系生长，从而提高作物对土壤水分和养分的吸收。

## 1.3.4 收获指数

收获指数（Harvest index，HI）定义为产量与地上干物质量的比值，在作物的生育期内会不断发生变化。HI 与作物的 WUE 和粮食产量密切相关。通过水分和氮素管理可以提高籽粒生长期间的生长速度或增加灌浆期同化物从营养组织向籽粒的转运，从而提高 HI。研究表明，水稻和小麦灌浆期的轻度土壤水分亏缺可以促进碳水化合物从营养器官向籽粒的转移，从而提高籽粒灌浆速率。碳转运的增强和籽粒灌浆速度的加快可能是由于土壤干旱导致植物体内的 ABA 浓度升高。因此，PRI 可以增加植株体内的 ABA 浓度，从而提高作物的 HI。在不同的玉米基因型中，PRI 处理的 HI 显著高于 DI 处理。相反，在关于玉米的研究中，Kirda 等（2005）研究表明，PRI 和 DI 处理的 HI 相似。因此，需要更多的研究来探索 HI 是否可以通过不同的灌溉方式进行调控。

## 1.3.5 品质

PRI 可以改善作物的品质，如葡萄、番茄和辣椒等的品质。PRI 可以提高葡萄中的糖含量，这主要是由于 PRI 处理更好地控制了葡萄的营养生长。与 DI 和 FI 相比，PRI 降低营养生长，并使果实可以更好地暴露在太阳照射下，因此，提高了果实风味和总酚浓度，改善了果实品质。

PRI 可以提高总可溶性固形物（TSS）和可滴定酸度。研究发现，与对照相比，两种亏缺灌溉处理（DI 和 PRI）使直径较小的果实数量更多，总可溶性固形物含量提高，酸度更低，整体的果实大小分布比例更好。与 NI、DI 和 FI 相比，PRI 处理的可溶性固形物含量最高，但 FI 处理果实中的可滴定酸度显著高于 NI、DI 和 PRI，这是由于果实暴露于较高的温度使苹果酸降解加剧。除此之外，PRI 可以降低冠层密度，提高果实中的花青素、酚类和葡萄糖含量，提高品质。而且，与传统灌溉相比，PRI 节约了灌溉用水。但也有研究发现，PRI 和传统 DI 处理在葡萄的果实成分和品质方面没有显著差异。

# 第2章 局部根区灌溉土壤干湿交替促进有机氮矿化

## 2.1 概述

在灌溉水量相同的情况下，PRI 在维持产量和提高 WUE 方面优于 DI（Dodd，2009；Wang 等，2010a）。Mingo 等（2004）研究表明，与 DI 处理相比，PRI 促进了根系生物量积累，提高了作物吸收更多养分的潜力。此外，在相似的土壤水分亏缺情况下，相对于 DI 处理，PRI 可以增强 ABA 信号传导，从而更好地控制植物水分损失，进一步提高 WUE（Dodd，2007；Wang 等，2010a）。我们的研究表明，与 DI 相比，PRI 可以增强作物氮素吸收，优化氮素在植株冠层中的分布，从而有利于 WUE 的提高（Wang 等，2009；2010a）。因此，作为一种灌溉管理措施，PRI 具有同时提高 WUE 和氮素利用效率（NUE）的潜力。

PRI 造成了植物根区土壤水分在时空上的不均匀分布，从而产生了土壤养分的异质性和不同根区根系吸收养分的差异。利用 $^{15}N$ 稳定同位素技术，王耀生等发现，与 DI 处理的番茄相比，PRI 处理的番茄提高了地上部分氮素吸收量，从而显著提高了氮素回收率（Wang 等，2010a）。在马铃薯的研究中，Shahnazari 等（2008）研究表明，PRI 与 DI 处理相比，可以提高生长季后期土壤氮素有效性，从而保持地上部植株的绿色。同样，Wang 等（2009）发现，相对于 DI 处理，PRI 提高了马铃薯植株各器官的氮素含量。此外，也有研究表明，PRI 处理下玉米（*Zea mays*）（Kirda 等，2005；Hu 等，2009）和小麦（*Triticum* spp.）（Li 等，2005）的氮素吸收有所增强。然而，PRI 处理促进氮素吸收的机制还需要进一步探索。

氮素在土壤中主要以有机态存在（Nannipieri 和 Paul，2009）。研究表明，土壤的干湿交替过程会导致"Birch 效应"，造成无机氮进入土壤溶液中（Birch，1958；Xiang 等，2008；Butterly 等，2009）。微生物胁迫和基质供给机理阐明了土壤干湿交替过程调控土壤碳氮动态的过程与机制（Xiang 等，

2008；Borken 和 Matzner，2009）。PRI 会造成根区土壤剖面的干湿交替，因此，这可能会产生"Birch 效应"，从而促进土壤有机氮的矿化，提高可供植物吸收的无机氮含量。土壤微生物在有机质和氮素矿化过程中发挥着重要作用，水分条件是控制土壤中微生物生存和活性的主要因素（Magid 等，1999）。Wang 等（2008）研究表明，PRI 比 DI 更能保持良好的土壤氧气和水分条件，可以增加土壤微生物数量。然而，尚不清楚 PRI 处理下微生物种群的这些变化是否会使土壤有机氮的矿化速率加快，从而促进植株的氮素吸收。

鉴于此，本章对 PRI 是否促进土壤有机氮矿化，是否有助于提高番茄植株的氮素吸收进行研究。为了验证这些假设，试验过程中把 $^{15}N$ 标记的玉米秸秆与试验土壤均匀混合，在 DI 和 PRI 灌溉处理下，土壤有机氮的矿化率是基于土壤中的无机态 $^{15}N$ 数量和在植株中的 $^{15}N$ 计算得到。此外，试验还测定了土壤呼吸速率、土壤微生物量碳和氮以及可溶性有机碳和氮，以进一步探索土壤微生物影响土壤有机氮矿化过程的机理。

## 2.2　研究方法

### 2.2.1　试验材料

试验于 2009 年 4—6 月在哥本哈根大学生命科学学院试验农场的自动化温室中进行。番茄（*Lycopersicon esculentum* L.）生长到第 5 叶期时，将其移栽到 10 L 体积的盆钵中（直径 17 cm，深度 50 cm）。盆钵被塑料板均匀地分成两个垂直的分根区域，这样可以防止两个区域之间的水分交换。土壤先过 2 mm 筛，然后在盆钵中装入 14.0 kg 自然风干过筛后的土壤，容重为 1.36 $g \cdot cm^{-3}$。盆钵的底部使用尼龙网，可以自由排水。土壤为砂壤土，pH 值为 6.7，总碳为 12.9 $g \cdot kg^{-1}$，总氮为 1.4 $g \cdot kg^{-1}$，$NH_4^+-N$ 为 0.7 $mg \cdot kg^{-1}$，$NO_3^--N$ 为 19.1 $mg \cdot kg^{-1}$。土壤持水量和永久萎蔫点的土壤体积含水量分别为 30.0% 和 5.0%。在装盆前，将 25.0 g $^{15}N$ 标记（$^{15}N$ 标记量为 7.85%）的玉米秸秆（粒径小于 1.5 mm）均匀地与土壤混匀，玉米秸秆氮浓度为 16.8 $g \cdot kg^{-1}$，碳浓度为 391.5 $g \cdot kg^{-1}$。每盆氮素施用量为 420 mg，其中 $^{15}N$ 含量为 31.4 mg。此外，N、P 和 K 的用量分别为 1.60 $g \cdot 盆^{-1}$、0.87 $g \cdot 盆^{-1}$ 和 1.66 $g \cdot 盆^{-1}$，在装盆之前与土壤混匀，以满足植物生长的营养需求。土壤含水量用时域反射仪

（TDR，TRASE，Soil Moisture Equipment Corp.，CA，USA）监测，在每盆干燥或湿润土壤一侧的盆中间安装测定土壤含水量的探针（33 cm）。温室的气候条件设置为：昼 / 夜气温（20/17 ± 2）℃，16 h 光周期和大于 500 μmol·m$^{-2}$·s$^{-1}$光合有效辐射（PAR）。

### 2.2.2　试验处理

番茄苗移栽两周后开始试验处理。处理包括：①分根交替灌溉（PRI），植株一半根系的土壤灌溉到土壤持水量，当另外一半干燥根区的土壤含水量降低到 7%～9% 时，两个根区交替灌溉（两个根区分别标记为 PRI-N 和 PRI-S）；②亏缺灌溉（DI），将与 PRI 处理相同的灌溉量平均分到亏缺灌溉的两个根区进行灌溉。试验采用完全随机设计，每个处理有 12 个重复。根据灌溉量、TDR 土壤水分测量值和土壤体积计算处理期间的植株耗水量。灌溉处理持续 27 d，在这期间，PRI 处理的植株共经历了 3 个干 / 湿交替循环。土壤含水量变化见图 2-1。

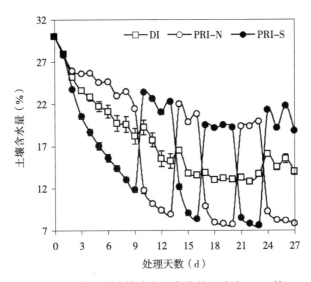

图 2-1　PRI 和 DI 处理对土壤含水量变化的影响（Wang 等，2010b）

### 2.2.3　样品采集与测定

处理开始后的第 0 天和第 27 天采集土样样品，第 0 天、第 13 天、第 20 天和 27 天分别采集植株样品，每次采集 4 个重复。在开始灌溉处理前（即第 0 天），土壤无机氮含量为每盆 501.8 mg，有机氮含量为每盆 19.6 g。

土壤呼吸速率使用带有 250 mL 气室的 Li-6200（Li-Cor, Inc., Lincoln, NE, USA）测定。将 20 g 风干的土壤装入尼龙袋（孔径大小为 140～150 μm，尺寸为 4 cm×8 cm×1 cm）。这种测定方法使袋子内外空气和水等条件与盆中土壤保持一致，但植物的根系无法生长到尼龙袋内，因此排除了植物根呼吸的影响。移栽几天后，尼龙袋埋入花盆的表层土壤中。为了测定具有代表性的土壤呼吸速率结果，即 PRI 处理下土壤干/湿交替引起的"Birch 效应"，在 PRI 处理期间进行土壤呼吸测量（例如交替灌溉前的 2～3 d）。在进行土壤呼吸测量时，将袋子从盆中的土壤中取出，放入 Li-6200 的气室中，连续记录 5 min 内 $CO_2$ 浓度的变化情况。用测定时间和室内 $CO_2$ 浓度的增量进行线性回归，并从回归线的斜率得到土壤呼吸速率。每次测量后，将尼龙袋重新埋入盆中的相同位置。

采用氯仿熏蒸法（Vance 等，1987）测定土壤中的微生物量碳和氮（标记为 CFL-C 和 CFL-N）。土壤在熏蒸后用 1 mol/L KCl 提取，然后用流动分析仪（Lachat QuickChem 8000, Zellweger Analytics, WI, USA）测定提取液中的氮浓度。提取液中的有机碳浓度用 TOC 分析仪（Shimadzu Corp., Kyoto，Japan）测定。在分析 CFL-C 和 CFL-N 之前，由于土壤样品是存放在 -18℃ 保存，这不会对微生物生物量产生影响（Winter 等，1994；Stenberg 等，1998），但是 CFL-C 和 CFL-N 提取的比率可能会受到影响（Winter 等，1994）。因此，本研究中的 CFL-C 和 CFL-N 值并未使用被广泛采用的 $K_{EC}$ 和 $K_{EN}$ 提取系数来换算土壤微生物量碳和微生物量氮。

为了测定土壤中的有效氮浓度，土壤样品用 1 mol/L KCl 提取，在垂直振荡仪上振动 45 min，$NH_4^+$-N 和 $NO_3^-$-N 以及土壤提取液中的总氮浓度通过流动分析仪（Lachat Quick-Chem 8000, Zellweger Analytics, WI, USA）测定。通过土壤样品中提取的总氮减去无机氮的量来计算可溶性有机氮的浓度（标记为 EON）。土壤中的可溶性有机碳用 TOC 分析仪（Shimadzu Corp., Kyoto，Japan）测定。

土壤中无机 $^{15}N$ 浓度使用扩散法测定（Brooks 等，1989），并根据 Sparling 等（1995）的方法稍做修改。在土壤提取液中添加 MgO，先将 $NH_4^+$ 转化为 $NH_3$，然后被酸化的滤纸吸收。将滤纸在无氨空气中干燥，随后，使用 Devarda's 合金将 $NO_3^-$ 转化为 $NH_4^+$，并重复上述过程。同位素比率 $^{15}N/^{14}N$ 是由同位素质谱仪测定。

植物样品在 70℃烘箱中烘干至恒重，测定干物质量。土壤和植物样品在球磨机中研磨后用同位素质谱仪（Europa Scientific Ltd., Crewe, UK）测定总碳、总氮、$^{15}N$ 和 $\delta^{13}C$。$\delta^{13}C$ 参照 PDB（Pee Dee Belemnite）标准计算，作为长时间尺度上的 WUE 信息。在植株水平上，使用处理期间植株地上部干重与植株耗水量的比值计算 WUE。土壤样品中 $^{15}N$ 的丰度用土壤中 $^{15}N$ 的自然丰度（0.369 atom% $^{15}N$）进行校正。

在第 0 天和第 27 天分别测定植物中 $^{15}N$ 回收量和土壤中无机 $^{15}N$ 的含量。表观净 $^{15}N$ 矿化量是由第 0 天和第 27 天植株体内 $^{15}N$ 和土壤无机 $^{15}N$ 的差值来计算，并假设矿化的 $^{15}N$ 可以被植物完全吸收。

### 2.2.4 数据处理

采用 SAS 9.1（SAS Institute, Inc., 2004）进行单因素方差分析（ANOVA）。使用邓肯多重检验法和独立 $t$ 检验评价处理间差异，差异显著水平为 5%。

## 2.3 植株吸氮量、$\delta^{13}C$ 和水分利用效率

试验处理结束后，PRI 植株的吸氮量显著高于 DI 处理，比 DI 植株高 16%（表 2-1）。此外，PRI 处理植株的 $\delta^{13}C$ 显著高于 DI 处理。但是，PRI 处理的 WUE 仅略高于 DI 植株，没有达到显著性差异（$P$=0.16）（表 2-1）。

表 2-1 PRI 和 DI 处理对番茄植株吸氮量、$\delta^{13}C$ 和 WUE 的影响（Wang 等，2010b）

| 处理 | 吸氮量（mg·株$^{-1}$） | $\delta^{13}C$（‰） | 水分利用效率（g·L$^{-1}$） |
| --- | --- | --- | --- |
| DI | 1 777 ± 55b | −26.24 ± 0.14b | 3.97 ± 0.07 |
| PRI | 2 065 ± 31a | −25.57 ± 0.16a | 4.14 ± 0.08 |

注：表中的数据为平均值 ± 标准误；同一列数据后不同字母表示不同处理间差异显著（$P$<0.05）。DI 表示亏缺灌溉，PRI 表示分根交替灌溉。下同。

## 2.4 土壤呼吸速率

在 PRI 处理，土壤呼吸速率取决于土壤水分含量。干燥区域的土壤呼吸明显受到抑制，$CO_2$ 的变化范围为 0.51 ～ 0.69 nmol·s$^{-1}$·g$^{-1}$（图 2-2）。在处理

15 d 以前，DI 处理土壤的呼吸速率相似，而在处理后的 19 d，土壤呼吸值增加到 1.10 nmol·s$^{-1}$·g$^{-1}$。干燥根区的土壤重新润湿后，土壤呼吸速率迅速增加，显著高于 PRI 处理的干燥根区和 DI 处理（第 19 天除外）。土壤呼吸速率与含水量呈显著的线性正相关关系（图 2-3）。值得关注的是，与 PRI 处理相比，DI 处理的测定数据几乎都分布在 PRI 处理回归线 95% 置信区间之外。因此，DI 处理的土壤呼吸与水分含量之间具有不同的相关关系（图 2-3）。

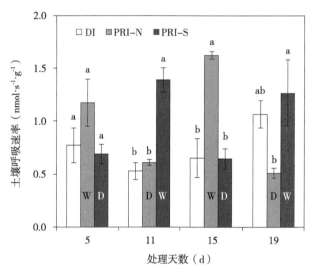

图 2-2　PRI 和 DI 处理对土壤呼吸速率的影响（Wang 等，2010b）

注：不同字母表示处理间差异显著，D 和 W 分别表示土壤处于干燥和湿润状态。

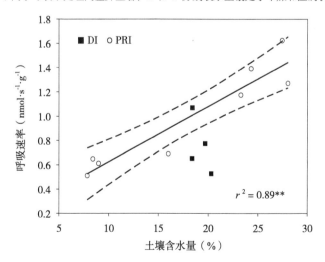

图 2-3　PRI 和 DI 处理对土壤呼吸速率与土壤含水量相关关系的影响
（Wang 等，2010b）

注：虚线为 PRI 处理回归线 95% 置信区间，** 表示 $P < 0.01$。

## 2.5　土壤微生物量碳和氮

PRI 和 DI 处理土壤的 CFL-C 值没有显著差异（图 2-4A），而 CFL-N 在不同处理之间具有显著变化。PRI-S 湿润根区土壤的 CFL-N 最大，其次是 DI，干燥根区土壤的 CLF-N 最低。图 2-4B 为两种灌溉处理下土壤的 CFL-C：CFL-N 值。PRI 处理使这一比值发生剧烈变化，干燥根区土壤（PRI-N）的 CFL-C：CFL-N 值最大，湿润根区土壤（PRI-S）的 CFL-C：CFL-N 值最低，而 DI 处理土壤的 CFL-C：CFL-N 值居中。

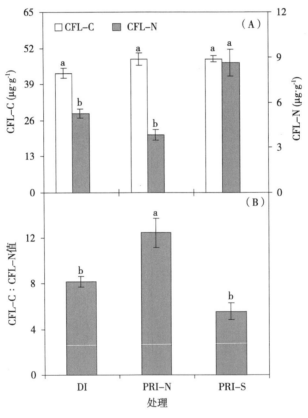

图 2-4　PRI 和 DI 处理对土壤 CFL-C 和 CFL-N（A）和
CFL-C：CFL-N 值的影响（B）（Wang 等，2010b）
注：PRI-N 和 PRI-S 根区土壤分别处于干燥和湿润状态。

## 2.6　土壤无机氮浓度

DI 和 PRI-N 根区的土壤无机氮浓度相似，都显著高于 PRI-S 根区的土壤
（图 2-5）。两种灌溉处理对土壤无机 $^{15}$N 浓度也具有显著影响，DI 和 PRI-N
根区的土壤无机 $^{15}$N 浓度高于 PRI-S 根区的土壤。

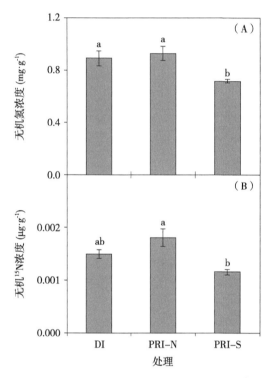

图 2-5　PRI 和 DI 处理对土壤无机 $^{15}$N（A）和无机 $^{15}$N（B）
浓度的影响（Wang 等，2010b）

注：PRI-N 和 PRI-S 根区土壤分别处于干燥和湿润状态。

## 2.7　植株 $^{15}$N 吸收量、有机氮矿化率和 $^{15}$N 回收率

植株吸收的来自秸秆的 $^{15}$N 的含量持续增加。DI 处理吸收 $^{15}$N 的量一直
低于 PRI 处理（图 2-6）。在试验处理结束后，PRI 植株 $^{15}$N 吸收量达到施入
量的 25%，显著高于 DI 处理 21% 的吸收量。植株收获后，土壤中无机 $^{15}$N
的含量很低，PRI 和 DI 处理土壤无机 $^{15}$N 的含量相似（表 2-2）。在试验处理

期间，PRI 处理比 DI 处理的表观净 $^{15}$N 矿化量显著提高 25%，PRI 和 DI 处理的 $^{15}$N 回收量分别为 26.63 mg 和 25.52 mg，$^{15}$N 回收率分别为 85% 和 81%。$^{15}$N 回收量低于玉米秸秆中含有的有机 $^{15}$N 的总量（31.4 mg）（表 2-2），这说明，在试验期间，$^{15}$N 具有一定的损失（Wang 等，2010b）。

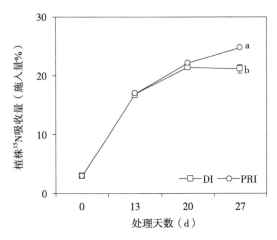

图 2-6　PRI 和 DI 处理对植株 $^{15}$N 吸收量的影响（Wang 等，2010b）

表 2-2　PRI 和 DI 处理对植株 $^{15}$N 吸收量、土壤中无机 $^{15}$N 含量、
表观净 $^{15}$N 矿化量及 $^{15}$N 回收量与回收率的影响（Wang 等，2010b）

| 处理 | 植株 $^{15}$N 吸收量（mg·盆$^{-1}$） | | 土壤无机 $^{15}$N 含量（mg·盆$^{-1}$） | | 表观净 $^{15}$N 矿化量（mg·盆$^{-1}$） | $^{15}$N 回收量（回收率）（mg·盆$^{-1}$，施入量%） |
|---|---|---|---|---|---|---|
| | 0 d | 27 d | 0 d | 27 d | 0～27 d | 27 d |
| DI | 0.93 ± 0.14 | 6.63 ± 0.24b | 1.12 ± 0.09 | 0.021 ± 0.001 | 4.61 ± 0.24b | 25.52 ± 0.45（81%） |
| PRI | | 7.77 ± 0.21a | | 0.022 ± 0.001 | 5.75 ± 0.10a | 26.63 ± 0.88（85%） |

## 2.8　土壤可溶性有机碳和氮浓度

DI 处理土壤中的 EOC 浓度显著高于 PRI 土壤（图 2-7A），EON 的浓度取决于土壤的水分状态。与 DI 和 PRI-N 土壤相比，PRI-S 土壤（湿润根区）中 EON 浓度显著提高。PRI-S 土壤的 EON 比 PRI-N 土壤高 68%。除此之

外，土壤水分也显著影响了 EOC∶EON 的值。与 DI 和 PRI-N 的土壤相比，PRI-S 显著降低了 EOC∶EON 值（图 2-7B）。

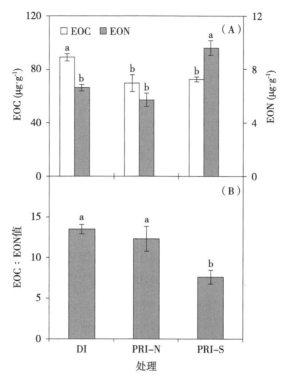

图 2-7　PRI 和 DI 处理对土壤中可溶性有机碳（EOC）和可溶性
有机氮（EON）浓度（A）及可溶性有机碳与可溶性有机氮浓度比值
（EOC∶EON）（B）的影响（Wang 等，2010b）

注：PRI-N 和 PRI-S 根区土壤分别处于干燥和湿润状态。

## 2.9　本章讨论与结论

### 2.9.1　局部根区灌溉提高番茄植株的氮素吸收

研究表明，PRI 可以显著提高作物的 WUE（Liu 等，2006，2009；Kirda 等，2007）。本研究也发现 PRI 植株可以提高植株的 WUE，但是 PRI 和 DI 处理之间没有显著差异。PRI 处理植株体内的 $\delta^{13}C$ 显著增高，表明 WUE 的提高主要是由于植株叶片的气孔对气体交换长期优化调控的结果。对马铃薯和番茄的研究已经表明，PRI 处理可以提高植株的吸氮量，这可能会有利于植株 WUE 的提高。在本研究中，PRI 处理植株的吸氮量显著高于 DI 处理的植株，这表明，PRI 处理促进了氮素吸收，改善了植株的氮素营养。因此，PRI 可以成为一种在干旱环境下同时提高 WUE 和 NUE 的灌溉措施。

### 2.9.2 局部根区灌溉促进土壤有机氮的矿化

影响植株氮素吸收主要有两个因素，一个是土壤中有效氮的量，另一个方面是植株吸收氮素的能力。为了证明 PRI 处理是否提高了土壤中有效氮的量，即 PRI 是否促进了土壤有机氮的矿化，本研究采用了有机 $^{15}$N 的示踪技术。试验中在土壤里加入 $^{15}$N 标记的玉米秸秆，可以计算得到试验处理造成的有机 $^{15}$N 的净矿化率和无机 $^{15}$N 的量。研究发现，灌溉处理显著影响了有机 $^{15}$N 的转化及氮素的固定和矿化过程。PRI 的表观净 $^{15}$N 矿化量与 DI 相比提高了 25%，因此可以显著提高土壤中有效态氮的浓度，从而促进植株对土壤氮素的吸收。假设未标记的玉米秸秆中氮素矿化速率与标记部分的一致，通过矿化率的计算，灌溉处理期间 PRI 土壤中玉米秸秆净矿化无机氮（含总氮 420 mg）比 DI 处理高 15 mg，这只占 PRI 植株高出 DI 植株氮素积累量（288 mg）的 5%。因此，PRI 一定是促进了其他土壤有机氮的矿化，例如其他不稳定的物质或者土壤有机质，从而增加了土壤中的有效态氮。如果 PRI 处理对土壤有机氮的矿化率也是与玉米秸秆相似，即每盆 19.6 g 土壤有机氮，氮矿化量增加 3.6%，这将使土壤中的无机氮量增加约 710 mg，远远大于植物氮素积累提高的 288 mg。虽然 PRI 处理对玉米秸秆中的有机氮和其他土壤有机氮源的矿化作用均有促进作用，但是对后者的影响可能不如对玉米秸秆的影响显著。

### 2.9.3 局部根区灌溉土壤干湿交替促进土壤有机氮矿化的机理

土壤干湿交替可以促进氮素矿化，即"Birch 效应"，这在以往的研究中已经进行了深入探讨。然而，大多数已有研究都是在实验室内进行的土壤培养试验，没有植物的干扰。当植物存在的时候，土壤氮素的变化不仅受氮素矿化和固定过程的影响，还受到植株氮素吸收的影响。与 DI 相比，PRI 处理土壤的干湿交替过程显著地促进了有机氮的矿化。后续将讨论 PRI 处理的干湿交替过程如何通过提高土壤微生物活性、微生物量和微生物底物浓度的有效性促进土壤有机氮矿化的过程与机制。

## 2.9.4　土壤微生物活性

许多研究已经表明，微生物活性在很大程度上取决于土壤水分情况。土壤水分含量下降，土壤微生物呼吸也随之降低（Fierer 和 Schimel，2003）。本研究发现，PRI 处理的土壤呼吸速率与土壤含水量呈显著的线性正相关关系，这说明土壤呼吸速率的变化与土壤含水量的变化密切相关，土壤水分是微生物呼吸的主要决定因素（图 2-2 和图 2-3）。而在 DI 处理中，土壤呼吸对土壤含水量的响应过程明显不同（图 2-3），这说明除了土壤含水量以外，土壤水分动态对土壤微生物活性也有显著影响。值得注意的是，在 PRI 处理中，再湿润干燥的土壤显著提高土壤的呼吸速率，显著高于 DI 土壤的呼吸速率，这表明，PRI 处理土壤微生物活性高于 DI 处理。然而，Austin 等（2004）关于 "Birch 效应" 的综述文章也表明，随着土壤干湿交替次数的增加，这种效应会降低。

有研究表明，干燥的土壤再湿润后，微生物活性的增加是由于对干燥过程中部分微生物死亡产生的物质的快速代谢（Van Gestel 等，1993）。本研究认为，在 PRI 处理中，再湿润干燥的土壤促进了微生物活性，导致土壤中无机氮增加，再加上此时较好的土壤水分状况，促进了植株对土壤氮素的吸收，这也使土壤再湿润结束时，PRI-S 土壤的无机氮浓度显著低于 PRI-N 和 DI 土壤（图 2-1 和图 2-5）。除此之外，在处理期间，也可能有更多的土壤微生物固定无机氮或者进行反硝化造成氮素的损失，这也会导致 PRI-S 土壤无机氮浓度的降低。

## 2.9.5　土壤微生物量碳和氮

在试验中，尽管 PRI 和 DI 处理具有相同的灌水量，但 PRI 处理的干燥和湿润根区使土壤微生物发生了显著变化。在 PRI 处理的干燥根区，土壤的 CFL-C 与 DI 处理相似，而土壤的 CFL-N 显著低于 DI。在 PRI 处理的湿润根区土壤中，CFL-C 与 DI 和 PRI-N 相似，而 CFL-N 显著高于其他土壤（图 2-4A）。此外，不仅微生物量碳和氮，CFL-C∶CFL-N 的比值也发生显著改变（图 2-4B）。这表明，土壤微生物群落组成或者生理响应发生了变化，这也可能是由于土壤干湿交替过程改变了微生物量碳和氮在土壤中的提取率引起的。PRI-N 土壤的水分含量低，而土壤中的 CFL-C：CFL-N 值最高，表明土壤中主要是以真菌群落为主（Killham，1994；Joergensen 等，1995）；相反，PRI-S 土壤的水分含量较高，而土壤的 CFL-C：CFL-N 值最低，表明土壤中主要是以细菌群落为主（Killham，1994）。Jensen 等（2003）也发现，土壤水分亏缺导致 CFLC：CFL-N 值增加，他们认为这是因为土壤真菌比细菌更能耐受土壤的水分亏缺（Killham，1994；Paul 和 Clark，1996）。土壤干湿交替过程中土壤细菌和真菌群落的相对生长速率可以决定土壤有机碳和氮的矿化和固定速率（Austin 等，2004）。因此，在高 CFL-C：CFL-N 值的 PRI-N 土壤中，以真菌为主的群落比细菌为主的群落固定氮素时使用更少的碳，这可以解释 PRI-N 与 PRI-S 土壤相比无机氮更多的原因（图 2-5）。然而，需要注意的是，CFL-C：CFL-N 值的变化也可能只是由于微生物量碳和氮在土壤中的提取率变化引起。考虑到本试验土壤微生物对干旱的响应，这种情况也可能发生。

## 2.9.6  土壤可溶性碳和氮及 EOC：EON 值

PRI-N 和 PRI-S 土壤的 EOC 浓度相似，显著低于 DI 土壤；而 PRI-S 土壤与 PRI-N 和 DI 土壤相比，EON 浓度显著提高（图 2-7A）。这也导致 PRI-S 根区土壤的 EOC：EON 值明显低于 PRI-N 和 DI 土壤（图 2-7B）。土壤中 EOC 和 EON 的量表明了土壤微生物反应所需要的底物的有效性（Austin 等，2004）。此外，一些低分子量的 EON（如氨基酸）也可以被植物根系直接吸收，特别是在土壤微生物活性低、无机氮浓度低的土壤中（Jones 等，2004）。但是，在本试验中土壤无机氮浓度在 1 mg·g$^{-1}$ 左右，这种吸收不会有显著影响。

Austin 等（2004）提出，微生物底物的碳氮比对氮矿化和固定过程有显著影响。在 PRI-S 土壤中，较低的 EOC：EON 值（7.5）表明有足够的有机氮可以满足土壤微生物对氮的需求，从而促进了土壤有机氮矿化；而在 PRI-N 土壤中，较高的 EOC：EON 值（即 12.5）则有利于氮的固定。对于 DI 处理，土壤水分亏缺显著降低了土壤微生物量和微生物底物有效性

（图 2-4 和图 2-7），两者都会降低土壤微生物活性（图 2-2），从而降低土壤有机氮的矿化（表 2-2）。

　　本章研究表明，PRI 促进了土壤有机氮的矿化，表观净 $^{15}$N 矿化率比 DI 高 25%。PRI 显著提高了土壤氮素有效性及植株对氮素的吸收，这一研究结果对于低投入农业十分重要，因为有机肥施入后需要土壤微生物的分解才可以被植株吸收利用，这常常是作物生长和产量的主要限制因素。通过 PRI 灌溉方式，可以提高土壤有机氮的矿化，有利于作物产量和养分吸收的提高。

# 第3章　局部根区灌溉和氮素形态
## 对土壤硝态氮迁移的影响

## 3.1　概述

　　近几十年来中国化肥施用量不断上升，氮肥的盲目大量施用，造成养分利用效率偏低问题突出，且农田生态系统已出现氮素盈余状态。氮素在土壤中的累积效具有两重性。Cassman等（2003）认为，土壤中的氮素有很高的氮肥替代值，并且土壤剖面中累积的硝态氮显著影响氮肥肥效；另外，土壤剖面累积的硝态氮在管理不当以及在灌溉或者降水较多的情况下逐渐向土壤下层迁移，成为土壤和地下水的潜在污染源（巨晓棠等，2003）。解决土壤剖面中硝态氮的累积问题，主要是合理地施肥与灌溉，提高氮肥的肥效。而对于土壤剖面不同层次累积硝态氮的植物利用是挖掘土壤氮素供应潜力、缓解环境压力的有效途径。

　　局部根区灌溉（PRI）由于能够产生根源信号调节植物的生理活动，具有较大的节水稳产效果，从而受到广泛关注。对 PRI 水肥（氮）耦合效应方面做的大量研究（潘英华等，2002；李培玲等，2010；李平等，2009），结果表明，PRI 由于减少了灌水量以及使土壤水分侧渗增加，从而降低了土壤中硝态氮随水向深层渗漏，缓解了土壤中硝态氮的淋失，有利于土壤硝态氮的累积，从而增加作物对土壤中硝态氮的吸收利用。但是，这些研究并没有区分 PRI 土壤剖面中特定层次累积的硝态氮的迁移和利用规律，而不同层次累积的硝态氮其迁移和作物利用存在着较大的差异，对其去向研究已引起广泛的关注。

　　氮肥是调节植物生长的重要肥料，不同形态氮的氮素对植物的生长发育具有重要的调节作用。本研究利用 $^{15}N$ 同位素示踪技术来研究 PRI 土壤中不同层次累积硝态氮的迁移、作物的吸收利用，以及 PRI 不同氮形态对作物生

长、土壤中氮素迁移利用的影响，以期丰富 PRI 研究理论，为 PRI 水肥资源
高效利用和环境保护提供理论依据。

## 3.2　研究方法

试验在淮北市无公害蔬菜基地滂汪示范园设施大棚内进行（116°46′E，
33°58′N），该地属于典型的暖温带湿润气候，地下水埋深为 20 m，年平均无
霜期 202 d，年平均相对湿度 71%，日照时数 2 315.8 h。钢架棚作为防雨棚，
栽培期间温度在 15～35℃。各土层理化性质见表 3-1（王春辉等，2014）。

表 3-1　土壤的基本理化性质

| 土层深度（cm） | pH 值 | 有机质（g·kg$^{-1}$） | 全氮（g·kg$^{-1}$） | 铵态氮（mg·kg$^{-1}$） | 硝态氮（mg·kg$^{-1}$） | 速效磷（mg·kg$^{-1}$） | 速效钾（mg·kg$^{-1}$） | 容重（g·cm$^{-3}$） | 土壤质地（%） |
|---|---|---|---|---|---|---|---|---|---|
| 0～40 | 7.25 | 13.7 | 1.22 | 21.96 | 171.94 | 10.83 | 84.9 | 1.48 | 25/70/5 |
| 40～80 | 7.57 | 7.12 | 0.24 | 20.31 | 75.09 | 2.48 | 46.7 | 1.62 | 39/57/4 |
| 80～120 | 7.88 | 5.08 | 0.21 | 22.18 | 40.31 | 0.88 | 25.5 | 1.50 | 47/51/2 |

注：土壤质地以"砂土 / 壤土 / 黏土"的百分比表示。

番茄供试品种为萨顿。试验设置 3 个因素，包括灌水方式、氮肥形态
和 $^{15}$N 标记层次。灌水方式分为常规灌溉和局部根区灌溉（PRI）；氮肥形态
分为铵态氮或硝态氮肥料；$^{15}$N 标记层次分为标记于土壤剖面 10～20 cm 和
40～50 cm 深度 2 个层次，试验共 6 个处理，每个处理 4 个重复，具体处理
见表 3-2（王春辉等，2014）。

试验采用模拟土柱的方式进行。在试验地开沟，以每层 40 cm 挖出 0～
120 cm 的土壤，并分层堆放。采用自制的圆柱状铝桶为模具，桶高度 120 cm
（无底），直径 45 cm。用塑料薄膜（厚度 0.15 mm）紧贴桶内壁，并把桶放
入预定的土柱位置和深度，分层次每 40 cm 一层向铝桶模具内装入混匀过筛
（2 mm）的土壤（图 3-1），在 $^{15}$N 标记层次，以 10 cm 一层装土。每层的土
壤装好后浇水并控制其水分含量达到 90% 的田间持水量，以防止上下层水分
和养分的迁移。

表 3-2　试验处理方案

| 代号 | 试验处理 |
| --- | --- |
| ZA15 | 常规两侧根区灌溉，供应铵态氮<br>$K^{15}NO_3$ 标记于土柱 10～20 cm 土层 |
| ZA45 | 常规两侧根区灌溉，供应铵态氮<br>$K^{15}NO_3$ 标记于土柱 40～50 cm 土层 |
| JA15 | 局部根区灌溉，供应铵态氮<br>$K^{15}NO_3$ 标记于土柱 10～20 cm 土层 |
| JA45 | 局部根区灌溉，供应铵态氮<br>$K^{15}NO_3$ 标记于土柱 40～50 cm 土层 |
| JX15 | 局部根区灌溉，供应硝态氮<br>$K^{15}NO_3$ 标记于土柱 10～20 cm 土层 |
| JX45 | 局部根区灌溉，供应硝态氮<br>$K^{15}NO_3$ 标记于土柱 40～50 cm 土层 |

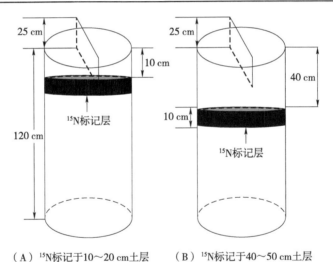

（A）$^{15}$N标记于10～20 cm土层　　（B）$^{15}$N标记于40～50 cm土层

图 3-1　土柱与 $^{15}$N 标记示意（王春辉等，2014）

按试验要求把外源 $^{15}$N 标记于土柱的 10～20 cm 或 40～50 cm，标记量以相应层次累积硝态氮 100 kg·hm$^{-2}$ 计算（张丽娟等，2005）。外源 $^{15}$N 丰度为 10.28% 的 $K^{15}NO_3$。标记时把 30.0 g $K^{15}NO_3$（带入 412 mg $^{15}$N）与相应层次土壤混合均匀后填入土柱。参考局部根区灌溉模拟试验的通用方法（Dodd 等，2006；梁继华等，2006），土柱正中间设置一道隔离膜，但仅埋入表层土壤 0～20 cm，并露出土表 5 cm，在隔离膜中间开口用于番茄苗的定植。在土柱填充的过程中，为保证土柱不变形，土柱四周沟内等高回填土壤，然后逐渐轻轻向上提出模具，直至土柱填好完全抽出模具，余下塑料薄膜隔离周围的土壤形成 0～120 cm 深的土柱。土柱不封底，以利于水分和养分的交换。每个处理另设 1～2 个对照土柱，即没有标记 $^{15}$N，其他方式一致。对照土柱埋设 TDR 水分监测仪（TRIME-PICO，德国），PVC 监测管埋入土壤 200 cm 深，用以监测土壤水分变化。试验共计 32 个土柱，分 2 行并排埋设于试验大棚，每个土柱相隔 15 cm。

番茄需要的肥料在装土柱时混入表层土壤。氮肥为硫酸铵和硝酸钾，按不同氮形态处理施入相应氮肥，磷肥为磷酸二氢钾，钾肥为硫酸钾，参考当地施肥量，肥料的施用量分别为：以 N 计 200 mg·kg$^{-1}$，以 P$_2$O$_5$ 计 100 mg·kg$^{-1}$，以 K$_2$O 计 150 mg·kg$^{-1}$。氮肥的施用分作 3 次，第一次作基肥，取其量的 1/3，剩下 2/3 分 2 次做追肥，分别在番茄坐果期、盛果期溶于水后随灌溉施入。在土柱做好之后，选取大小均匀的番茄苗（苗龄 30 d）连同育苗基质一同定植在中间膜孔。

番茄定植初期进行正常水分灌溉，定植 30 d 后进行不同的水分处理。对于常规灌溉，土柱的两侧根区全部灌溉，而局部根区交替灌溉则是一侧灌溉，另一侧不灌溉，并且下一次灌溉时只在原先干燥侧灌溉，这样反复交替。常规灌溉条件下，在苗期以 0～20 cm 土层、开花期以后以 0～40 cm 土层土壤的含水量达到田间持水量的 65% 为灌溉下限，当达到下限时即进行灌溉，并以达到 90% 田间持水量作为灌溉的上限。局部根区灌溉可以节水 30%～50% 而不显著影响产量。本试验局部根区灌溉的灌水量设为常规灌溉的 60%。番茄生长期间各处理每个土柱灌水总量分别为：ZA15、ZA45 为 87.0 L，JA15、JA45、JX15、JX45 为 57.2 L，其中含番茄定植后至水分处理前各个土柱浇水 12.0 L。因此，番茄定植后生长期间局部根区灌溉共节水 34.3%。2012 年 3 月 7 日进行番茄幼苗定植，每个土柱定植一株。2012 年 7 月 1 日收获番茄植株。

番茄生长期间对掉落于地上的叶片进行收集，并分批在果实成熟时及时采摘果实。2012 年 7 月 1 日收获植株时，把植株分为叶片、茎和果实采摘。所有样品均在 105℃下杀青 30 min，然后在 70℃下烘干至恒重。植株的生物量与果实质量是所有样品不同时期的累积量。烘干的样品粉碎过 1 mm 筛，用于养分测定和 $^{15}N$ 测定。

植株收获后，对标记 $^{15}N$ 的土柱进行取样，在标记位置的上下 3 层分别以 10 cm 为间隔进行取样，其他以每 20 cm 的间隔取样。取样时，注意清洁土钻，以防止 $^{15}N$ 交叉污染。土壤样品采集后立即低温保存，取一部分土壤风干，用于测定土壤全氮和 $^{15}N$ 丰度。

用钻头直径为 10 cm 的根钻（XDB0307Y 型，北京新地标土壤设备有限公司生产）以 20 cm 为间隔进行取样，土壤取出后用镊子仔细挑出根系。

土壤全氮测定先通过质量分数为 5% 的高锰酸钾及还原铁粉还原硝态氮后，再按凯氏法定氮；植物全氮测定采用凯氏法，将凯氏法定氮后的蒸馏液酸化后，浓缩至 3 mL 用质谱仪（MAT-271，德国）测定 $^{15}N$ 丰度值。

根系的测定：洗净的根系用扫描仪（Perfection V700，日本）扫描后，用 WinRhizoPro Version 5.0 分析软件分析获得根系长度，之后烘干称质量得到根干质量。

植株对 $^{15}N$ 的利用率 = 植株 $^{15}N$ 原子百分超 × 植物吸 N 量 / 标记氮带入 $^{15}N$ 的量

植株对 $^{15}N$ 的吸收量 = 植株 $^{15}N$ 原子百分超 × 植株吸 N 量

土壤 $^{15}N$ 储量 = 土壤全氮的 $^{15}N$ 原子百分超 × 各土层土壤全氮量

试验数据用 SPSS 软件（17.0 版）中 ANOVA 程序（LSD 检验，$P < 0.05$）和 EXCEL 进行统计和方差分析。

## 3.3  生物量和吸氮量

同一水氮处理下，$^{15}NO_3^-$ 不同标记深度对果实、植株生长没有显著影响（表 3-3）。铵态氮供应下，局部根区灌溉对茎的生长影响较小，而使叶片生长和总生物量显著降低（JA15）或者有降低的趋势（JA45），但对果实质量没有显著影响。硝态氮供应下，尽管灌溉量减少，但是茎、叶生物量高于铵态氮的所有处理，果实质量高于相应铵态氮供应下的局部根区灌溉处理，而与常规灌溉处理相比没有显著差异（王春辉等，2014）。

表 3-3　番茄不同处理地上部分的生物量（王春辉等，2014）

| 处理 | 果实<br>（g·株⁻¹） | 茎<br>（g·株⁻¹） | 叶<br>（g·株⁻¹） | 总生物量<br>（g·株⁻¹） |
|---|---|---|---|---|
| ZA15 | 244.31 ± 23.06ab | 92.17 ± 6.63b | 168.27 ± 5.01b | 504.74 ± 32.99b |
| ZA45 | 232.55 ± 4.42abc | 90.56 ± 6.29b | 162.87 ± 3.58bc | 485.98 ± 7.06bc |
| JA15 | 223.80 ± 7.08bc | 93.92 ± 7.29b | 147.13 ± 4.29d | 464.85 ± 11.07c |
| JA45 | 217.88 ± 9.70c | 89.25 ± 1.75b | 154.48 ± 9.56cd | 461.61 ± 1.98c |
| JX15 | 252.81 ± 19.12a | 112.00 ± 3.50a | 181.79 ± 10.65a | 546.60 ± 24.36a |
| JX45 | 247.51 ± 9.46ab | 110.68 ± 5.03a | 181.50 ± 7.53a | 539.69 ± 15.88a |

注：表中的数据为平均值 ± 标准差；同一列数据后不同字母表示不同处理间差异显著（$P<0.05$）。处理代号中，"Z" 表示常规灌溉，"J" 表示局部根区交替灌溉，"A" 表示铵态氮供应，"X" 表示硝态氮供应，"15" 表示 $^{15}$N 标记于土层 10～20 cm，"45" 表示 $^{15}$N 标记于土层 40～50 cm。下同。

植株各部位吸氮量、总吸氮量变化与植株的生物量变化规律基本一致（表 3-4）。硝态氮供应下植株总吸氮量比局部根区灌溉下铵态氮供应的植株总吸氮量高出 27.0%。表明硝态氮供应更加有利于番茄植株对氮的吸收，从而促进植株的生长（王春辉等，2014）。

表 3-4　番茄不同处理地上部分的吸氮量（王春辉等，2014）

| 处理 | 果实<br>（g·株⁻¹） | 茎<br>（g·株⁻¹） | 叶<br>（g·株⁻¹） | 总吸氮量<br>（g·株⁻¹） |
|---|---|---|---|---|
| ZA15 | 4.70 ± 0.41bc | 0.97 ± 0.06b | 3.59 ± 0.15b | 9.26 ± 0.58b |
| ZA45 | 4.61 ± 0.11bc | 0.95 ± 0.10b | 3.51 ± 0.07b | 9.06 ± 0.28bc |
| JA15 | 4.36 ± 0.18c | 1.01 ± 0.09b | 3.05 ± 0.04c | 8.42 ± 0.23c |
| JA45 | 4.29 ± 0.29c | 0.94 ± 0.03b | 3.38 ± 0.30bc | 8.61 ± 0.20bc |
| JX15 | 5.01 ± 0.16a | 1.41 ± 0.06a | 4.29 ± 0.28a | 10.71 ± 0.51a |
| JX45 | 5.18 ± 0.17a | 1.43 ± 0.12a | 4.30 ± 0.19a | 10.91 ± 0.40a |

## 3.4　$^{15}$N 的吸收与利用

与总吸氮量不同的是，$^{15}$N 标记层次显著影响植株对 $^{15}$N 的吸收（表 3-5）。同一灌溉方式下，$^{15}$N 标记层次从 10～20 cm 下降到 40～50 cm 后，植株各

部位对 $^{15}N$ 吸收量与利用率均显著下降，其中 ZA45 吸收量和利用率下降了 33.1%，JA45 吸收量和利用率下降了 23.0%，而 JX45 的吸收量和利用率下降较小，下降了 14.6%。不同层次标记硝态氮对局部根区交替灌溉吸收利用的影响不同。在 10～20 cm 标记硝态氮时，ZA15、JA15 对 $^{15}N$ 的利用率分别是 21.87%、19.50%，交替灌溉对 $^{15}N$ 的利用率平均降低了 10.9%；而土层 40～50 cm 标记硝态氮时，铵态氮供应下常规灌溉与交替灌溉对 $^{15}N$ 的吸收量和利用率没有显著差异。局部根区灌溉下，硝态氮供应的植株对 $^{15}N$ 的吸收量分别比对应铵态氮供应的植株高出 47.2%（10～20 cm）、62.9%（40～50 cm），平均高出 53.9%，这一比例高出平均总吸氮量增加的比例（27.0%），也高出平均生物量增加的幅度（16.9%）（王春辉等，2014）。

表 3-5 番茄对不同土壤深度标记 $^{15}N$ 的吸收量及利用率（王春辉等，2014）

| 处理 | 果实 | | 总量 | |
|---|---|---|---|---|
| | 吸收量<br>（mg·株$^{-1}$） | 利用率<br>（%） | 吸收量<br>（mg·株$^{-1}$） | 利用率<br>（%） |
| ZA15 | 52.68 ± 4.28b | 12.70 ± 1.03b | 90.75 ± 6.27c | 21.87 ± 1.51c |
| ZA45 | 36.41 ± 1.29d | 8.78 ± 0.31d | 60.74 ± 3.53e | 14.64 ± 0.85e |
| JA15 | 46.80 ± 1.49c | 11.28 ± 0.36c | 80.88 ± 1.09d | 19.50 ± 0.26d |
| JA45 | 33.73 ± 4.13d | 8.13 ± 1.00d | 62.29 ± 5.02e | 15.01 ± 1.21e |
| JX15 | 64.64 ± 3.24a | 15.58 ± 0.78a | 118.87 ± 6.57a | 28.65 ± 1.58a |
| JX45 | 52.40 ± 2.58b | 12.63 ± 0.62b | 101.50 ± 3.84b | 24.47 ± 0.93b |

## 3.5 $^{15}N$ 的迁移与分布

番茄收获后 $^{15}N$ 含量在土层中的分布见图 3-2。由图（A）可见，$^{15}N$ 标记在 10～20 cm 土层时，土壤表层 0～10 cm 也有一定的 $^{15}N$ 分布，表明 $^{15}N$ 向上迁移了 10 cm，但在 0～10 cm ZA15 处理的累积量明显低于 JA15 和 JX15。在原标记层，ZA15、JA15、JX15 的 $^{15}N$ 累积量分别是 11.0 mg、95.1 mg、80.5 mg，仅占标记量的 2.7%、23.1%、19.5%。若以 $^{15}N$ 累积峰出现的土层和试验初标记氮位置的间距作为特定层次硝态氮的迁移距离，ZA15 的累积峰出现在 30～40 cm、

40～50 cm，向下迁移距离为 30 cm；JA15 和 JX15 的累积峰出现在 20～30 cm，向下迁移距离为 10 cm，且 ZA15 的累积峰比 JA15 低 38.1%、比 JX 低 23.4%。

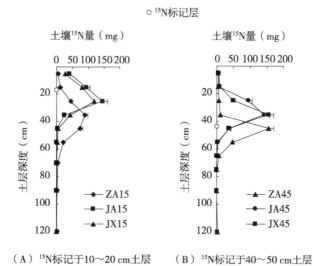

（A）$^{15}$N 标记于 10～20 cm 土层　　（B）$^{15}$N 标记于 40～50 cm 土层

图 3-2　番茄收获后 $^{15}$N 在各土层中的分布（王春辉等，2014）

由图（B）可见，$^{15}$N 标记于土层 40～50 cm 时，ZA45 在 0～40 cm $^{15}$N 累积量很低，未发生明显积累，其累积峰依然保留在 40～50 cm，达到 156.8 mg，占 $^{15}$N 总量的 38.1%，而向下随土壤层次加深 $^{15}$N 累积量迅速减少。而 JA45 与 JX45 都在 30～40 cm 出现累积峰，该层次 $^{15}$N 累积量分别达到 143.9 mg 和 156.9 mg，分别占 $^{15}$N 总量的 34.9% 和 38.1%，表明该层硝态氮向上迁移了 10 cm，且在表层也检测出了少量的 $^{15}$N。

ZA45、JA45、JX45 处理在 0～50 cm 土壤累积的 $^{15}$N 占标记氮的比例分别为 44.7%、70.9% 和 62.2%，在 0～40 cm 累积的 $^{15}$N 量分别为 27.3 mg、252.8 mg 和 218.7 mg，占总 $^{15}$N 量的比例达到 6.6%、61.3% 和 53.1%，说明常规灌溉对 40～50 cm 处的硝态氮淋洗较强，向上迁移较弱，而局部根区交替灌溉对该层的硝态氮淋洗显著降低，且促进了大部分氮向上迁移。这些结果表明，常规灌溉对 10～20 cm 土层的硝态氮淋洗作用强于 40～50 cm 土层，局部根区交替灌溉对 10～20 cm 的硝态氮淋洗作用相对减弱，进而促进了 40～50 cm 大部分的硝态氮向上层迁移。

## 3.6 $^{15}N$ 的回收和损失

土体 1 m 以内为作物根区,其氮素资源对作物具有潜在的有效性。表 3-6 中计算出 0～100 cm 土体内累积的 $^{15}N$ 量。从表 3-6 可见,常规灌溉下随着 $^{15}N$ 标记层次降低,作物收获后 $^{15}N$ 在 1 m 内的累积量也降低,局部根区灌溉显著增加了 $^{15}N$ 的累积残留。同一氮形态下,局部根区灌溉使土体中标记氮较常规灌溉增加了 23.49%（JA15）、24.24%（JA45）,平均增加 23.87%。局部根区灌溉下氮形态影响到作物收获后土体中标记氮的残留量。在同一层次标记 $^{15}N$ 情况下,硝态氮肥供应下减少了 $^{15}N$ 的累积,而 $^{15}N$ 的回收量没有显著差异,表明氮肥供应形态对土壤中标记氮累积以及迁移的影响是通过植物的吸收不同而产生的。从损失情况看,当 $^{15}N$ 标记从 10～20 cm 降到 40～50 cm 时,常规灌溉下损失率达到 26.70%,增加了 56.32%,局部根区交替灌溉下损失率达到 12.48%,增加了 141.39%。而 $^{15}N$ 标记在同一层次时,与常规灌溉相比,局部根区交替灌溉下 $^{15}N$ 损失率下降了 69.73%（10～20 cm）、53.26%（40～50 cm）,平均降低 61.50%。局部根区灌溉下的硝态氮与铵态氮供应相比,损失率没有显著差异（王春辉等,2014）。

表 3-6 番茄收获后 0～100 cm 土层中 $^{15}N$ 的累积、回收与损失情况（王春辉等,2014）

| 处理 | 累积量<br>（mg·土柱 $^{-1}$） | 总回收量<br>（mg·土柱 $^{-1}$） | 损失量<br>（mg·土柱 $^{-1}$） | 损失率<br>（%） |
|---|---|---|---|---|
| ZA15 | 250.88 ± 11.75b | 341.62 ± 12.23b | 70.38 ± 12.23b | 17.08 ± 2.97b |
| ZA45 | 240.08 ± 16.01b | 300.82 ± 17.96c | 111.18 ± 17.96a | 26.70 ± 4.36a |
| JA15 | 309.82 ± 13.94a | 390.70 ± 13.35a | 21.30 ± 13.35c | 5.17 ± 3.24c |
| JA45 | 298.28 ± 18.30a | 360.57 ± 14.71ab | 51.43 ± 14.71bc | 12.48 ± 3.57bc |
| JX15 | 276.03 ± 10.63ab | 394.90 ± 9.30a | 17.10 ± 9.30c | 4.15 ± 2.26c |
| JX45 | 258.15 ± 14.70b | 359.65 ± 18.43ab | 52.35 ± 18.43bc | 12.71 ± 4.47bc |

注:30.0 g 丰度 10.28% 的 $K^{15}NO_3$ 带入的 $^{15}N$ 量为 412 mg;总回收量包括 0～100 cm 土层中 $^{15}N$ 的累积量以及植株吸收量。损失量为标记肥料带入量与总回收量的差值。

## 3.7 根系分布

从图 3-3 可见,根干质量和根长密度总体上随着土层的加深而递减。番茄根系干质量主要分布在 0～20 cm 层次，该层次根系质量占 0～100 cm 剖面根中根重的比例达到 70% 左右。根长密度也是在 0～20 cm 较高，但该层次根系密度占整个剖面的根系密度之和的比例均未超过 50%，说明根系主要分布在 0～20 cm，且下层根系质量低，根系直径较小。

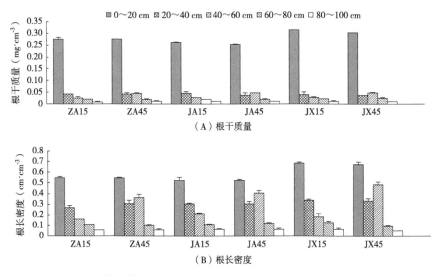

图 3-3　收获后作物根系在不同土层的分布情况（王春辉等，2014）

局部根区灌溉处理的番茄根系干质量与常规灌溉处理的番茄相近，而 20 cm 以下根长密度略高于常规灌溉处理，说明局部根区灌溉促进了作物根系生长，尤其是细根的生长。同一灌水方式下，硝态氮处理根干质量和根长密度要显著高于铵态氮处理（$P<0.05$），这种趋势在 0～20 cm 表现得尤为明显。说明硝态氮有利于促进植株根系的生长，提高植株养分吸收率，从而促进植株生长。

## 3.8　本章讨论与结论

研究表明，同一灌溉水平（方式）及氮肥形态下，$^{15}$N 标记层次对番茄各部位的生物量及吸氮量没有产生显著影响（表 3-3，表 3-4），因此可以把土壤剖面不同部位外源标记的 $^{15}$N 作为土壤累积硝态氮来研究其作物有效性及迁移趋势。本研究中发现局部根区交替灌溉较常规灌溉在节水 34.3% 的情况下，番茄生物量显著降低，而果实产量没有显著下降。在局部根区灌溉控制下，根源胁迫信号输送到地上部分可以大幅度降低蒸腾而对光合作用影响较小，并能够调节光合产物分配，利于果实的发育，从而可以显著提高水分利用效率而对产量影响较小。目前，国内外关于局部根区灌溉的节水效益已经做了大量的研究。潘英华等（2000）研究发现，在目标产量相同的情况下，局部根区灌溉玉米可节水 33.3%。局部根区灌溉能够协调棉花的群体生长发育，有效控制作物生长冗余，在节水 31%～33% 条件下能够维持产量，甚至在灌溉量减少 50% 时，产量也能够维持在一定的水平（潘丽萍等，2009；Du 等，2006）。Shahnazari 等（2007）对马铃薯进行连续两年的研究发现，在局部根区灌溉两年灌溉量分别降低了 33%、42% 的情况下，马铃薯的产量比较稳定，马铃薯的商品性状得到改善。因此，局部根区灌溉具有较大的节水稳产效果。

局部根区灌溉下总生物量降低，但是番茄根干质量以及根长密度并没有随着生物量的下降而降低（图 3-3），因此局部根区灌溉能够促进根系的生长，增加根冠比。局部根区灌溉可以调节光合产物向根系分配，且由于改善了土壤的通气性，以及反复对不同根区交替进行干旱/湿润，可刺激根系的补偿性生长，使根面积、根系密度以及干质量的增长速率明显增大，根毛发育良好，不同根区的根系均衡发展，并促进根系功能增强，从而能够在灌溉量大幅度下降的情况下有利于植物对水分和养分的吸收而保证作物生长（李彩霞等，2011）。本试验也观察到局部根区灌溉下，番茄总吸氮量没有随着灌溉量减少而同步降低（表 3-4），从而保证了番茄的生长与产量。

不同氮形态对作物生长与养分吸收具有显著性影响，本试验在同一灌溉方式下（局部根区灌溉），硝态氮肥处理的番茄植株各部位生物量和吸氮量均要显著高于铵态氮肥处理，说明番茄是喜硝作物。许多研究也证明了施用铵态氮的条件下作物生长比施用硝态氮的差，其机制是多方面的。相对于铵态氮，硝态氮能够更有效地诱导作物侧根的生长与发育（郭亚芬等，2005），根系干质量和根长密度较高（图 3-3），使得硝态氮供应的作物吸收养分的能力增强，改善植株氮营养，促进植株光合作用。此外，铵态氮可抑制 $CO_2$ 暗固定，降低光合速率，增加对碳水化合物的消耗，降低植株体内细胞分裂素含量、抑制细胞分裂素向地上部的运输（Walch-Liu 等，2000；高青海等，2008）。局部根区水分胁迫条件下，在胁迫后期，相对于硝态氮供应，铵态氮供应的植株光合速率（$P_n$）、实际光化学量子产量（Yield）、电子传递速率（ETR）、光化学淬灭系数（qP）较低，叶绿素含量下降，植株生长滞缓（王海红等，2009）。局部根区水分胁迫下铵态氮供应的植株光合速率（$P_n$）、最大净光合速率（$P_{max}$）、光饱和点（LSP）、$CO_2$ 饱和点（CSP）、氮含量和生物量均低于硝态氮供应的植株（周秀杰等，2010）。

　　土壤剖面中的硝态氮在环境中的去向与植物利用受到广泛关注。张丽娟等（2005）在研究蔬菜以及大田作物对土壤不同层次标记硝态氮的利用时发现，标记层次显著影响作物的吸收利用，对土柱 10～20 cm、40～50 cm 标记的硝态氮，菠菜的利用率分别为 40.7%、29.9%，小麦小偃 54 的利用率分别为 45.5%、16.1%，而小麦京 411 利用率分别为 32.5%、12.4%。这些结果高于本试验常规灌溉条件下的 21.87%、14.64%（表 3-5）。其主要原因可能与作物的栽培密度及根系密度差异有关。本试验中 0～20 cm 层次根系质量为 0.27 mg·cm$^{-2}$，根长密度为 0.55 cm·cm$^{-3}$（图 3-3），远低于小麦和菠菜的根系质量与密度，尤其是根系密度差异较大。而作物的根长密度与标记硝态氮的利用率显著相关。另外不同种植体系中氮的累积量以及施肥水平也影响到土壤中氮的有效性。刘新宇等（2010）发现在高施氮条件下，小麦吸收土壤氮的比例下降。本试验地点是具有一定种植历史的设施蔬菜地，土壤肥力与土壤中氮含量较高，施氮水平为 200 mg·kg$^{-1}$，也高于大田作物施肥量。这些因素可能是本试验条件下番茄对土壤中 $^{15}$N 利用率低的原因。对肥料氮去向的研究表明，冬小麦施氮量 300 kg·hm$^{-2}$（常规水平）处理在 0～100 cm 土层肥料氮的残留率和氮肥的损失率分别为 39.1%～40.6%、22.1%～23.2%，氮的残留率比低氮肥水平下增加，而不同施氮量条件下氮肥的损失率变化幅度较小，小麦河农 822 与科农 9204 种植收获后氮肥的损失率分别在 19.3%～24.8%、17.4%～22.2%，品种间差异也较小（刘新宇等，2010；吉艳芝等，2010）。常规灌溉下番茄收获后土壤剖面标记氮的损失率在 17.08%（10～20 cm 标记）、26.70%（40～50 cm 标记），与麦季田的肥料氮损失率接近，而 $^{15}$N 在 0～100 cm 土层累积率分别在 60.9%、58.3%，平均 59.6%，高于小麦肥料氮残留率的 40% 左右，这与番茄对标记氮的利用率较低有关。

　　局部根区灌溉下水氮耦合效应的研究受到广泛关注，主要集中在灌溉量与施氮量的不同组合对作物生长、养分吸收，以及土壤环境效应方面。局部根区灌溉可以减少氮的淋洗，增加土壤中氮的累积和被植物吸收的机会，但这些研究并没有区分土壤特定层次氮的行为与去向。本试验采用模拟土柱在特定土层引入 $^{15}N$ 示踪的方法，研究局部根区灌溉下耕层土壤中累积硝态氮的行为。发现局部根区灌溉下，相对于常规灌溉番茄对土壤标记硝态氮的吸收与利用没有受到大幅度影响。而硝态氮肥料供应下由于植株的生物量以及根系生长受到促进，对标记 $^{15}N$ 的利用显著增加（表 3-5）。土壤剖面中标记硝态氮的迁移明显受到标记层次以及灌溉方式的影响。当 $K^{15}NO_3$ 标记于 10～20 cm 层次时，常规灌溉下淋洗较强，$^{15}N$ 累积峰下移 30 cm，而局部根区交替灌溉下淋洗较弱，累积峰仅下移 10 cm。而对于 40～50 cm 的标记 $^{15}N$ 在常规灌溉下虽然受到淋洗，但累积峰依然保留在该层次，而局部根区交替灌溉促进了该层次标记 $^{15}N$ 向上层迁移。局部根区灌溉下标记 $^{15}N$ 的累积量相对常规灌溉平均增加了 23.87%，损失率平均下降 61.50%。局部根区灌溉下标记硝态氮的行为不同于常规灌溉，淋洗减弱，这与交替灌溉改变了土壤水分运动与分布有关。局部根区灌溉下，在灌水侧和非灌水侧之间存在水分梯度，水分的侧向入渗明显增强，从而减少了水分向深层运动，且其灌水均匀性与常规灌溉没有显著差异；同时由于其总灌溉量减少，也减少了土壤水分向深层运移。由于水分运移的改变，使得在局部根区交替灌溉下，硝态氮的淋洗减少，土壤中硝态氮损失率大大降低。

本研究发现：①局部根区灌溉在节水 34.3% 的条件下番茄产量较常规灌溉未受显著影响，具有较大的节水稳产效果。②土壤剖面中标记硝态氮的行为受到标记层次以及灌溉方式的影响。随着 $^{15}N$ 标记层次下降，番茄植株对 $^{15}N$ 吸收利用率以及番茄收获后 $^{15}N$ 在 1 m 土层内的累积量显著下降，损失率显著增加。常规灌溉对 10～20 cm 土层的 $^{15}N$ 淋洗作用强于 40～50 cm 土层；局部根区灌溉对标记氮的淋洗相对减弱，且促进了 40～50 cm 土层中 61.3% 的 $^{15}N$ 向上层土壤迁移。因此局部根区灌溉能够减少土壤硝态氮的淋洗，并能够促进土壤下层硝态氮向上迁移，减少损失，增加植物吸收利用的机会。③硝态氮肥供应显著促进了番茄生长与产量，并促进了番茄对土壤中标记 $^{15}N$ 的吸收，造成土壤剖面中 $^{15}N$ 累积量减少，而损失率与相应铵态氮供应的处理没有显著差异。结果表明，不同形态氮肥通过影响植物生长而影响土壤中累积硝态氮的去向。

# 第4章　局部根区灌溉对根系水分和养分吸收能力的影响

## 4.1　概述

提高作物的水分和养分利用效率对于提高作物生产力和维持生态环境质量至关重要。在灌溉水量相同的情况下，与 DI 灌溉方式相比，PRI 可以维持作物产量、提高 WUE、增加植株的 C 和 N 浓度。研究表明，PRI 和 DI 均能诱导基于 ABA 的根到地上部的化学信号，调节气孔导度和叶片生长，从而提高作物的 WUE。然而，在整个根区土壤水分亏缺程度相似的情况下，PRI 处理作物木质部的 ABA 浓度比 DI 更高，从而更好地控制了作物的水分散失，进一步提高了水分利用效率。除了 ABA 作为根到地上部的信号外，木质部汁液 pH 的变化也是一种重要的干旱信号，并可能与 ABA 信号有协同作用。

当作物受到干旱胁迫时，木质部汁液 pH 值提高，促进 ABA 在植株中的积累，使气孔进一步关闭。木质部汁液 pH 值变化的机制可能与硝酸盐的浓度有关。在木质部中，当硝酸盐浓度较低时，可以促进硝酸盐还原酶，从而使木质部汁液碱化。在干旱条件下，氮素可以在根到地上部的信号中发挥作用。一些研究发现，随着土壤含水量下降，作物木质部中硝酸盐浓度降低，而另一些研究表明，木质部中的硝酸盐浓度随着土壤干旱程度增加而提高。除了硝酸盐的浓度，干旱可以改变木质部中的其他无机离子，如钾和钙，这可能会增强木质部汁液中的激素信号。

木质部导管是水分和营养物质从根向地上部长距离输送的主要途径。因此，干旱条件下木质部汁液组成的变化对于阐明作物对土壤水分和养分动态的反应机制非常重要。干旱除了对木质部中 ABA 浓度和 pH 值产生影响之外，木质部中的离子组成也可能成为干旱信号。木质部汁液中的离子组成已被用于诊断土壤养分有效性，例如离子组成与树的养分需求有关，因此，确定木质部汁液中的养分状况可以作为评估作物养分吸收的一种方法。

本章研究探寻不同土壤水分条件下 PRI 对番茄木质部汁液 pH 值、ABA 浓度和离子浓度的影响，主要目的是确定 PRI 处理是否能通过改变木质部的 pH 值和离子浓度来提高养分的吸收和强化木质部传递的 ABA 信号。

## 4.2　研究方法

### 4.2.1　试验设置

试验分别于 2009 年 4—6 月（试验 I）和 2010 年 8—10 月（试验 II）在哥本哈根大学生命科学学院试验农场的温室中进行。土壤类型为砂壤土，pH 值为 6.7。试验 I 土壤总碳和氮分别为 12.9 $g \cdot kg^{-1}$ 和 1.4 $g \cdot kg^{-1}$，试验 II 土壤总碳和氮分别为 10.3 $g \cdot kg^{-1}$ 和 1.0 $g \cdot kg^{-1}$。土壤持水量为 30%，永久萎蔫点为 5%。在装盆之前，土壤过 2 mm 筛。所用的盆钵体积是 10 L（直径 17 cm，深 50 cm），用塑料板均匀地把盆钵分成两个垂直的隔间，这样可以防止两个隔间之间的水分交换。盆钵的底部用 1.5 mm 的网固定，可以自由排水。在第 5 叶期，将番茄（品种为 Cedrico）幼苗移植到盆钵里。试验期间的土壤含水量用 TDR（TRASE, soil water Equipment Corp., CA, USA）监测，每个根区中间安装有 33 cm 长的探针。温室的气候条件设置为：昼 / 夜温度为（20/17 ± 2）℃，16 h 光周期和大于 500 $\mu mol \cdot m^{-2} \cdot s^{-1}$ 的光合有效辐射（PAR）。

### 4.2.2　灌溉和氮肥处理

试验 I 土壤中施入 1.6 g N（$NH_4NO_3$）和 25.0 g 磨碎的玉米秸秆（粒径 < 1.5 mm），玉米秸秆含氮量为 16.8 $g \cdot kg^{-1}$，含碳量为 391.5 $g \cdot kg^{-1}$。试验 II 中的无机氮（MN）处理每盆加入 4.0 g 无机 N（$NH_4NO_3$），有机 N（ON）处理每盆加入 4.0 g 有机 N，加入磨碎的玉米秸秆（粒径 < 1.5 mm）作为有机氮源，玉米秸秆含氮量为 28.8 $g \cdot kg^{-1}$，含碳量为 411.4 $g \cdot kg^{-1}$。两个试验中每盆均匀加入 0.87 g 磷和 1.66 g 钾以满足植物生长对营养元素的需求。

在这两个试验中，在作物的开花期和结果期进行 PRI 和 DI 灌溉处理。在 PRI 处理下，湿润根区灌水至 29%～30%，干燥根区土壤含水量保持在 7%～13%，然后两个根区交替灌溉（标记为 PRI-N 和 PRI-S）。在 DI 处理下，将与 PRI 处理相同的灌水量分成相同的两份均匀灌到 DI 处理的两个根区。试验为完全随机设计，试验 I 和 II 的每个处理分别有 12 个和 6 个重复。在试验 I 和试验 II 中，分别在每天 09:00 和 16:00 给植株灌水。植株耗水量（PWU）是根据灌溉量、TDR 测量值和土壤体积计算。在试验 I 和 II 中，灌溉处理分别持续了 27 d 和 34 d，在此期间 PRI 植株都经历了 3 个干湿交替循环（图 4-1，图 4-2）。

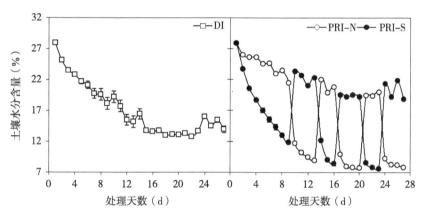

图 4-1　试验 I 中 DI 和 PRI 处理根区的平均土壤含水量（Wang 等，2012a）

## 4.2.3　采样、测定与样品分析

试验 I 在灌溉处理开始后的第 13、第 20、第 27 天取样，每个处理 4 次重复，试验 II 在灌溉处理开始后第 34 天取样，每个处理 6 次重复。

植株样品在 70℃烘干至恒重后称重。用球磨仪研磨后，用同位素质谱仪（Europa Scientific Ltd., Crewe，UK）对植物样品的氮浓度进行测定。

利用压力室（Soil Moisture Equipment Corp., Santa Barbara，CA，USA）在 10.00～11.00 h 对完全展开的上层冠层叶片测定叶水势。用叶片导度仪（Decagon Devices，Inc.，USA）测定处理期间植株冠层完全展开叶片的气孔导度。用 Scholander 型压力室测定根水势，收集木质部汁液。整个盆钵被密

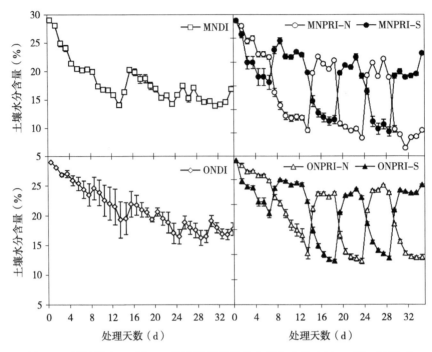

图 4-2　试验 II 中 DI 和 PRI 处理根区的平均土壤含水量（Wang 等，2012a）

封在压力室中，在离根部 5～10 cm 处将茎与根分离，缓慢施加压力，直到根水势平衡，以获得与植株蒸腾速率相似的液流速度，避免稀释效应。由于植株茎部的水力阻力被去除，使蒸腾流量可能会高于实际的蒸腾速率，从而可能低估了汁液中的 ABA 和离子浓度。使用移液枪从切面收集 1.0 mL 木质部汁液，放入用铝箔包装的小离心管中。所有汁液样品在取样后立即冷冻，并在 -80℃下储存。

　　用 ELISA 方法测定木质部汁液中的 ABA 浓度。用离子色谱仪（Metrohm AG，Herisau，Switzerland）测定木质部液中的阴离子和阳离子浓度。阴离子浓度用 Metrosep A Supp 4 分析柱（4 mm × 125 mm 1.8 mmol $Na_2CO_3$/1.7 mmol $NaHCO_3$ 洗脱液）测定，阳离子浓度用 Metrosep C4-100 分析柱（4 mm × 125 mm，1.7 mmol 硝酸 /0.7 mmol 二吡啶酸（DPA）洗脱液）测定。木质部汁液解冻 30 cm 后，用微电极（model PHR-146，Lazar Research Laboratories，Inc. CA，USA）测定木质部汁液 pH 值。

## 4.2.4　统计分析

使用 SAS GLM（SAS Institute，Inc.，2004）对数据进行 5% 显著水平的方差分析。采用邓肯多重比较法和独立 $t$ 检验比较处理间差异，差异显著水平为 5%。使用回归分析来确定测量参数之间的关系。

# 4.3　土壤和植株水分状况

在 PRI 处理，湿润根区的土壤含水量显著高于干燥根区（图 4-1）。湿润根区灌水后土壤含水量接近田间持水量，干燥根区的土壤含水量在交替灌溉之前在试验 I 和试验 II 分别低于 10% 和 14%。两个试验中，PRI 和 DI 整个盆钵土壤的平均含水量是相似的（表 4-1）。在交替灌溉前，PRI 湿润根区的土壤含水量仅略高于试验 I 中 PRI 干燥根区的土壤含水量（表 4-1）。在试验 I 中，除了 DI 处理的 13 d 和 PRI 处理的 20 d，DI 和 PRI 处理具有相似的 RWP、LWP 和 PWU（表 4-2）。在试验 II 中，不同氮肥处理间 DI 和 PRI 处理也具有相似的 LWP、RWP 和 PWU（表 4-3）。MN 处理植株的 LWP 显著下降，但 PWU 显著高于 ON 处理，MN 和 ON 处理的 RWP 相似。试验 I 和 II 中的 DI 和 PRI 处理叶片的气孔导度在处理期间的平均值相似（图 4-3）（Wang 等，2012a）。

表 4-1　试验 I 和试验 II 亏缺灌溉（DI）和局部根区灌溉（PRI）处理
对土壤含水量变化的影响（Wang 等，2012a）

| 处理 | 试验 I 13 d | 试验 I 20 d | 试验 I 27 d | 试验 II 34 d MN 处理 | 试验 II 34 d ON 处理 |
|---|---|---|---|---|---|
| DI | $20.8 \pm 1.0 \rightarrow$ $9.5 \pm 0.8$ | $18.4 \pm 0.2 \rightarrow$ $7.4 \pm 0.1$ | $19.4 \pm 0.7 \rightarrow$ $8.2 \pm 0.2$ | $19.1 \pm 0.1 \rightarrow$ $14.4 \pm 0.4$ | $19.3 \pm 0.8 \rightarrow$ $15.9 \pm 1.1$ |
| PRI-N | $9.9 \pm 0.2 \rightarrow$ $9.0 \pm 0.3$ | $7.7 \pm 0.2 \rightarrow$ $7.3 \pm 0.1$ | $7.9 \pm 0.2 \rightarrow$ $7.2 \pm 0.4$ | $10.7 \pm 0.2 \rightarrow$ $10.5 \pm 0.2$ | $13.6 \pm 0.3 \rightarrow$ $13.6 \pm 0.4$ |
| PRI-S | $30.0 \pm 0.0 \rightarrow$ $14.6 \pm 0.2$ | $30.0 \pm 0.0 \rightarrow$ $7.8 \pm 0.3$ | $30.0 \pm 0.0 \rightarrow$ $7.7 \pm 0.5$ | $29.0 \pm 0.0 \rightarrow$ $17.9 \pm 0.6$ | $29.0 \pm 0.0 \rightarrow$ $21.1 \pm 0.3$ |
| PRI- 平均 | $19.9 \pm 0.1 \rightarrow$ $11.8 \pm 0.2$ | $18.9 \pm 0.1 \rightarrow$ $7.6 \pm 0.2$ | $18.9 \pm 0.1 \rightarrow$ $7.4 \pm 0.4$ | $19.9 \pm 0.1 \rightarrow$ $14.2 \pm 0.4$ | $21.3 \pm 0.2 \rightarrow$ $17.3 \pm 0.3$ |

表4-2 试验Ⅰ中DI和PRI处理对番茄植株叶水势（LWP）、
根水势（RWP）和耗水量（PWU）的影响（Wang等，2012a）

| 指标 | 灌溉处理 | | | 氮素处理 | | | 灌溉×氮素 |
| --- | --- | --- | --- | --- | --- | --- | --- |
| | DI | PRI | P值 | MN | ON | P值 | P值 |
| LWP（MPa） | -0.6±0.0a | -0.6±0.0a | 0.816 | -0.6±0.0b | -0.5±0.0a | 0.002 | 0.173 |
| RWP（MPa） | -0.2±0.0a | -0.3±0.0a | 0.493 | -0.3±0.0a | -0.2±0.0a | 0.627 | 0.204 |
| PWU（mL·株$^{-1}$） | 425.0±19.2a | 445.8±23.8a | 0.307 | 491.9±16.8a | 379.0±9.7b | <0.001 | 0.948 |

注：表中的数据为平均值±标准误；同一列数据后不同字母表示不同处理间差异显著（P<0.05）。余同。

表4-3 试验Ⅱ中DI和PRI处理对番茄植株叶水势（LWP）、
根水势（RWP）和耗水量（PWU）的影响（Wang等，2012a）

| 指标 | 13 d | | 20 d | | 27 d | |
| --- | --- | --- | --- | --- | --- | --- |
| | DI | PRI | DI | PRI | DI | PRI |
| LWP（MPa） | -1.2±0.1a | -1.1±0.1a | -1.4±0.1a | -1.6±0.1b | -1.2±0.2a | -1.3±0.1a |
| RWP（MPa） | -0.5±0.1b | -0.1±0.0a | -1.3±0.1a | -1.3±0.1a | -0.9±0.2a | -1.0±0.1a |
| PWU（mL·株$^{-1}$） | 730.8±56.8a | 781.3±3.1a | 1 084.4±17.0a | 1 117.5±13.3a | 1 077.9±51.9a | 1 178.8±32.6a |

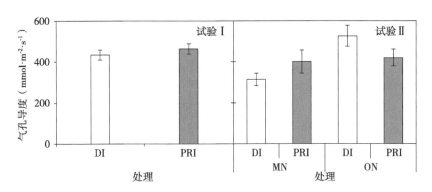

图4-3 DI和PRI灌溉处理对叶片平均气孔导度的影响（Wang等，2012a）

## 4.4 木质部汁液的pH值、ABA、阴离子和阳离子浓度

在试验Ⅰ的13 d，DI植株的ABA浓度最高，显著高于PRI植株（表4-4）。

而在 20 d 和 27 d，DI 和 PRI 植物木质部汁液 ABA 浓度基本一致。DI 和 PRI 处理在 13 d 和 20 d 木质部汁液 pH 值基本相同，而 27 d PRI 处理木质汁液 pH 值显著高于 DI 处理（Wang 等，2012a）。

表 4-4　试验 I 中 DI 和 PRI 处理对番茄植株木质部汁液 ABA 浓度和
pH 值的影响（Wang 等，2012a）

| 指标 | 13 d | | 20 d | | 27 d | |
|---|---|---|---|---|---|---|
| | DI | PRI | DI | PRI | DI | PRI |
| ABA（pmol·mL⁻¹） | 1 545.8 ± 418.8a | 140.1 ± 11.5b | 3 488.8 ± 363.3a | 3 373.5 ± 274.1a | 2 927.1 ± 863.4a | 4 138.7 ± 532.0a |
| pH 值 | 5.1 ± 0.0a | 5.0 ± 0.0a | 5.4 ± 0.1a | 5.6 ± 0.1a | 5.2 ± 0.0b | 5.4 ± 0.0a |

在试验 II 中，不同氮肥处理的 PRI 植株木质部汁液 ABA 浓度和 pH 值略高于 DI 植株（表 4-5）。在不同灌溉处理下，与 ON 处理相比，MN 处理的植株木质部汁液 ABA 浓度显著升高，而木质部汁液 pH 值显著降低。方差分析结果表明，灌溉和氮肥处理对 ABA 和 pH 值交互作用不显著（Wang 等，2012a）。

表 4-5　试验 II 中 DI 和 PRI 处理对番茄植株木质部汁液 ABA 浓度和
pH 值的影响（Wang 等，2012a）

| 指标 | 灌溉处理 | | | 氮素处理 | | | 灌溉 × 氮素 |
|---|---|---|---|---|---|---|---|
| | DI | PRI | P 值 | MN | ON | P 值 | P 值 |
| ABA（pmol·mL⁻¹） | 144.8 ± 15.5a | 166.9 ± 18.9a | 0.326 | 185.7 ± 16.3a | 125.9 ± 13.8b | 0.013 | 0.887 |
| pH 值 | 5.2 ± 0.1a | 5.4 ± 0.1a | 0.081 | 5.2 ± 0.1b | 5.4 ± 0.1a | 0.044 | 0.962 |

在试验 I 的 13 d，与 DI 处理相比，PRI 处理植株的木质部汁液中的 $Cl^-$、$PO_4^{3-}$、$SO_4^{2-}$、$NH_4^+$、$Ca^{2+}$、总阳离子以及阴离子和阳离子的总和明显更高（表 4-6）。然而，在 20 d 和 27 d，DI 植株的阴阳离子浓度、总阴离子浓度、总阳离子浓度以及阴阳离子总浓度均高于 PRI 植株（Wang 等，2012a）。

在试验 II 中，在不同氮肥处理下，PRI 植株木质部汁液中的 $Cl^-$、$NO_3^-$、$Ca^{2+}$、总阴离子、总阳离子、阴离子和阳离子的总和均显著高于 DI 植株（表 4-7）。不同灌溉处理的结果表明，与 ON 处理相比，MN 处理下的植株木质部汁液中的 $NO_3^-$、$NH_4^+$、$Ca^{2+}$、$Mg^{2+}$、总阴离子、总阳离子和阴离子和阳离子的总和显著升高。$PO_4^{3-}$、$SO_4^{2-}$、$Na^+$、$K^+$ 的浓度在 ON 处理中相近或稍高，

而 $Cl^-$ 的浓度显著高于 MN 处理。方差分析结果表明，灌溉和氮肥处理对离子组成的交互作用不显著，但试验 II 的 $Cl^-$ 除外。

表 4-6　试验 I 中 DI 和 PRI 处理对番茄植株木质部汁液离子
组成的影响（Wang 等，2012a）

| 离子成分（$mol \cdot m^{-3}$） | 13 d | | 20 d | | 27 d | |
|---|---|---|---|---|---|---|
| | DI | PRI | DI | PRI | DI | PRI |
| $Cl^{-1}$ | $4.2 \pm 0.8b$ | $6.1 \pm 0.1a$ | $0.8 \pm 0.1a$ | $0.6 \pm 0.0a$ | $0.9 \pm 0.3a$ | $0.6 \pm 0.1a$ |
| $NO_3^-$ | $36.3 \pm 5.9a$ | $37.8 \pm 5.9a$ | $1.1 \pm 0.3a$ | $0.4 \pm 0.1b$ | $0.6 \pm 0.2a$ | $0.3 \pm 0.0a$ |
| $PO_4^{3-}$ | $2.3 \pm 0.1b$ | $3.2 \pm 0.1a$ | $0.9 \pm 0.2a$ | $0.5 \pm 0.1a$ | $1.6 \pm 0.5a$ | $0.6 \pm 0.1a$ |
| $SO_4^{2-}$ | $13.5 \pm 2.5b$ | $18.5 \pm 1.0a$ | $3.6 \pm 0.8a$ | $2.2 \pm 0.5a$ | $6.4 \pm 1.8a$ | $3.3 \pm 0.3a$ |
| 阴离子总和 | $56.3 \pm 8.2a$ | $65.5 \pm 4.9a$ | $6.4 \pm 0.9a$ | $3.7 \pm 0.5b$ | $9.5 \pm 2.6a$ | $4.8 \pm 0.4a$ |
| $Na^+$ | $1.0 \pm 0.2a$ | $1.1 \pm 0.2a$ | $0.3 \pm 0.0a$ | $0.1 \pm 0.0b$ | $0.2 \pm 0.0a$ | $0.1 \pm 0.0a$ |
| $NH_4^+$ | $2.0 \pm 0.3b$ | $3.9 \pm 0.5a$ | $0.3 \pm 0.1a$ | $0.2 \pm 0.1a$ | $0.3 \pm 0.1a$ | $0.2 \pm 0.0a$ |
| $K^+$ | $25.3 \pm 1.1a$ | $30.6 \pm 5.5a$ | $7.2 \pm 1.0a$ | $4.4 \pm 0.8a$ | $6.7 \pm 1.1a$ | $5.0 \pm 0.4a$ |
| $Ca^{2+}$ | $15.1 \pm 1.7b$ | $21.6 \pm 1.1a$ | $2.2 \pm 0.8a$ | $1.0 \pm 0.3a$ | $5.6 \pm 2.2a$ | $3.1 \pm 0.2a$ |
| $Mg^{2+}$ | $7.7 \pm 1.3a$ | $9.3 \pm 0.2a$ | $1.1 \pm 0.4a$ | $0.5 \pm 0.2a$ | $1.8 \pm 0.7a$ | $1.1 \pm 0.1a$ |
| 阳离子总和 | $51.1 \pm 3.2b$ | $66.6 \pm 4.5a$ | $11.1 \pm 1.9a$ | $6.2 \pm 1.4a$ | $14.6 \pm 3.9a$ | $9.5 \pm 0.3a$ |
| 离子总和 | $107.4 \pm 1.3b$ | $132.1 \pm 5.1a$ | $17.5 \pm 2.7a$ | $9.9 \pm 1.9a$ | $24.1 \pm 6.5a$ | $14.3 \pm 0.6a$ |

表 4-7　试验 II 中 DI 和 PRI 处理对番茄植株木质部汁液离子
组成的影响（Wang 等，2012a）

| 离子成分（$mol \cdot m^{-3}$） | 灌溉处理 | | | 氮素处理 | | | 灌溉 × 氮素 |
|---|---|---|---|---|---|---|---|
| | DI | PRI | $P$ 值 | MN | ON | $P$ 值 | $P$ 值 |
| $Cl^{-1}$ | $3.0 \pm 0.3b$ | $4.1 \pm 0.5a$ | 0.002 | $2.4 \pm 0.4b$ | $4.7 \pm 0.2a$ | <0.001 | 0.016 |
| $NO_3^-$ | $7.9 \pm 2.1b$ | $11.0 \pm 2.4a$ | 0.048 | $16.0 \pm 0.3a$ | $2.9 \pm 1.6b$ | <0.001 | 0.092 |
| $PO_4^{3-}$ | $4.0 \pm 0.3a$ | $4.6 \pm 0.5a$ | 0.275 | $3.9 \pm 0.5a$ | $4.7 \pm 0.3a$ | 0.168 | 0.773 |
| $SO_4^{2-}$ | $11.1 \pm 1.6a$ | $13.4 \pm 1.4a$ | 0.318 | $11.9 \pm 1.7a$ | $12.5 \pm 1.3a$ | 0.780 | 0.869 |
| 阴离子总和 | $26.0 \pm 2.7b$ | $33.1 \pm 2.5a$ | 0.040 | $34.2 \pm 2.3a$ | $24.9 \pm 2.6b$ | 0.009 | 0.552 |
| $Na^+$ | $0.2 \pm 0.0a$ | $0.2 \pm 0.0a$ | 0.433 | $0.2 \pm 0.0a$ | $0.2 \pm 0.0a$ | 0.719 | 0.096 |
| $NH_4^+$ | $0.8 \pm 0.2a$ | $1.0 \pm 0.2a$ | 0.136 | $1.6 \pm 0.2a$ | $0.2 \pm 0.0b$ | <0.001 | 0.259 |
| $K^+$ | $13.6 \pm 1.4a$ | $17.0 \pm 1.1a$ | 0.081 | $15.2 \pm 1.4a$ | $15.4 \pm 1.3a$ | 0.920 | 0.240 |
| $Ca^{2+}$ | $11.5 \pm 1.3b$ | $15.7 \pm 1.7a$ | 0.044 | $16.3 \pm 1.4a$ | $11.0 \pm 1.5b$ | 0.013 | 0.746 |
| $Mg^{2+}$ | $3.9 \pm 0.5a$ | $5.2 \pm 0.6a$ | 0.118 | $5.6 \pm 0.5a$ | $3.5 \pm 0.5b$ | 0.008 | 0.912 |
| 阳离子总和 | $30.1 \pm 3.2b$ | $39.0 \pm 3.1a$ | 0.046 | $38.9 \pm 3.2a$ | $30.2 \pm 3.1b$ | 0.049 | 0.750 |
| 离子总和 | $56.0 \pm 5.6b$ | $72.1 \pm 5.2a$ | 0.030 | $73.1 \pm 5.3a$ | $55.1 \pm 5.2b$ | 0.017 | 0.933 |

## 4.5　测定参数之间的相关关系

　　两个试验的研究结果表明，RWP 随土壤平均含水量的降低呈指数下降（图 4-4A），与 LWP 和木质部汁液中阴阳离子总和呈正相关关系（图 4-4B，C），而与木质部汁液中 ABA 浓度呈负相关关系（图 4-4D）。木质部汁液 pH 值与木质部汁液 ABA 浓度呈显著正线性关系，这仅发生在试验 I（图 4-4E）。$NO_3^-$ 浓度与木质部汁液 pH 值呈显著的线性负相关关系（图 4-4F）。此外，阴离子和阳离子的总和与木质部汁液 pH 值也呈显著的线性负相关关系（图 4-4G），木质部汁液中阳离子占总离子的比例与木质部汁液 pH 值呈显著的线性正相关关系（图 4-4H）。此外，总阴离子浓度和总阳离子浓度之间存在显著的线性关系（图 4-4I）。

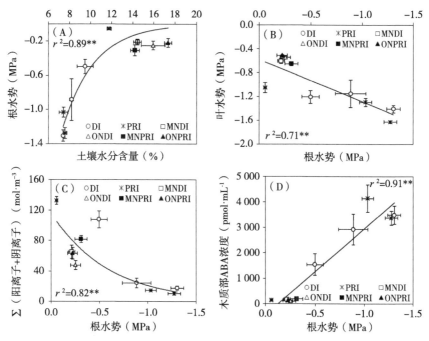

图 4-4　试验 I 和试验 II 中 DI 和 PRI 处理对测定参数之间相关性的影响（Wang 等，2012a）

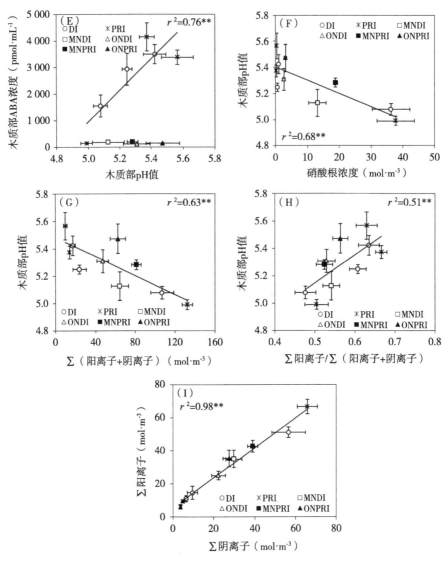

图4-4　试验Ⅰ和试验Ⅱ中DI和PRI处理对测定参数之间
相关性的影响（Wang等，2012a）（续）

## 4.6　生物量与吸氮量

　　PRI和DI处理植株在试验Ⅰ和试验Ⅱ中具有相似的地上部和根干重
（图4-5）。在试验Ⅰ中，PRI处理植株的吸氮量始终高于DI处理的植株

（图 4-6）。在试验 Ⅱ 中，在 MN 处理下，PRI 和 DI 处理植株的吸氮量显著高于 DI 处理的植株，而在 ON 处理下，PRI 和 DI 处理的吸氮量相似。

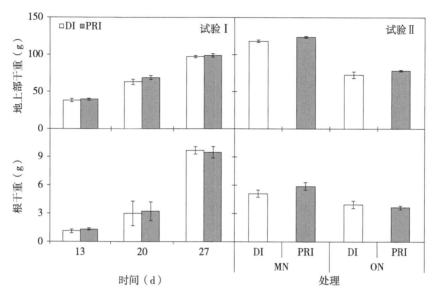

图 4-5　试验 Ⅰ 和试验 Ⅱ 中 DI 和 PRI 处理对番茄植株地上部和
根干重的影响（Wang 等，2012a）

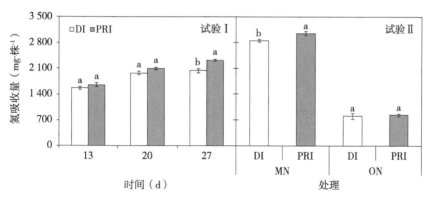

图 4-6　试验 Ⅰ 和试验 Ⅱ 中 DI 和 PRI 处理对植株
吸氮量的影响（Wang 等，2012a）

## 4.7　本章讨论与结论

为了研究 PRI 与 DI 处理下不同土壤水分动态变化对番茄植株木质部汁

液 pH 值、ABA 和离子浓度的影响，在两个试验中，分别在不同土壤和植株水分状况下对番茄木质部汁液进行测定。作物根系通过水力信号和非水力信号调控对土壤水分的吸收。植株的 RWP 主要取决于根区的土壤含水量（图 4-4A）。LWP 与 RWP 呈显著的线性正相关（图 4-4B）。这说明根、叶水分状况与土壤水分及灌溉处理造成的土壤水分动态密切相关。此外，RWP 与木质部汁液中总阳离子和阴离子浓度呈正相关关系（图 4-4C），而 RWP 与木质部汁液 ABA 浓度呈显著负相关关系（图 4-4D），这说明，PRI 和 DI 处理的土壤和根系水分状况对木质部汁液 ABA 水平和阴阳离子浓度有显著影响。

当作物受到干旱胁迫或淹水状况时，植株木质部汁液 pH 值升高。本章研究发现，PRI 处理木质部汁液 pH 值与 DI 处理相似或显著高于 DI 处理（表 4-4），其中 PRI 处理植株的木质部汁液 pH 值比 DI 处理高 0.2 个单位（试验 I 中的 13 d 除外）（表 4-4，表 4-5）。植株木质部汁液 pH 值可能受到木质部汁液中离子组成的影响，特别是硝酸盐浓度的降低往往与木质部汁液 pH 值的增加有关。Gollan 等（1992）发现，在干旱胁迫下，植株木质部汁液中的硝酸盐浓度降低，伴随着木质部汁液 pH 值和木质部汁液中阳离子的增加。在 PRI 和 DI 处理下，木质部汁液 pH 值与木质部汁液中的硝酸盐浓度呈负相关关系（图 4-4F），这表明木质部汁液中硝酸盐浓度降低会导致木质部汁液 pH 值升高。此外，本章研究还发现，不同氮肥处理对木质部汁液 pH 值有显著影响。MN 处理的木质部汁液 pH 值显著低于 ON 处理，而 MN 处理植株的木质部汁液中的硝酸盐浓度显著高于 ON 处理。这个结果再次证实，木质部汁液 pH 值与木质部汁液中的硝酸盐浓度呈负相关关系。土壤硝酸盐的有效性可以影响木质部汁液的 pH 值，这可能是由于特定无机离子的吸收和运输发生变化引起的（Raven 和 Smith，1976）。在本章研究中，木质部汁液 pH 值与阳离子和阴离子总浓度之间也存在显著的负相关关系（图 4-4G），而木质部汁液 pH 值与阳离子与总阴阳离子比值呈显著正相关关系（图 4-4H）。这些结果表明，硝酸盐除了调节木质部汁液 pH 值外，阳离子、阴离子总浓度和阳离子比例也会影响 PRI 和 DI 植株木质部汁液 pH 值。木质部汁液中的阳离子和阴离子之间的平衡基本保持不变（图 4-4I）。Goodger 和 Schachtman（2010）认为，为了维持电荷平衡，玉米根系的生化功能发生了变化以适应不同的营养和水分条件，从而导致木质部汁液 pH 值或氢流量的变化。在剧烈的土壤水分动态变化下（如 PRI），"电荷平衡"对木质部 pH 的影响还需要进一步研究。

ABA 是一种弱酸（pKa=4.75），在保卫细胞功能和细胞生长方面，pH 可能与 ABA 协同作用。本章研究发现，在大多数情况下，PRI 和 DI 处理植株的木质部汁液 ABA 浓度是相似的。木质部 pH 值的增加会增强 ABA 信号，在这种情况下，即使木质部 ABA 浓度与充分灌水的植株的木质部 ABA 浓度相似时，也可能会关闭气孔。然而，只有在土壤含水量相对较低的情况下，PRI 和 DI 处理的木质部 pH 值的增加与木质部 ABA 浓度的增加才有明显的相关性（图 4-4E）。

植株吸收养分是通过木质部进行的。这一过程的第一步是离子进入木质部。在土壤水分亏缺的情况下，氮和其他元素从土壤向根表面的迁移会降低，只有通过离子浓度的增加才能维持根系对养分的获取。土壤和根系水分状况都显著影响木质部阳离子和阴离子的浓度。由于 PRI 和 DI 处理植株在灌溉过程中消耗了相似的水量（表 4-2，表 4-3），这些离子被根系吸收的绝对数量应该与它们在木质部的浓度有相似的趋势。但应注意的是，木质部汁液中的离子浓度取决于采样时的土壤和植株的水分状况，因此可能无法反映长期的离子吸收情况。例如，在 PRI 处理下，当根系湿润区土壤水分含量较高时，像试验 I 中的 13 d 和试验 II 中的 34 d，PRI 处理植株木质部中的阴离子和阳离子（包括硝酸盐和铵）浓度更高（表 4-6，表 4-7），而且，两个试验 PRI 处理的阴、阳离子之和显著大于 DI 处理，与此同时，两种灌溉处理的平均土壤含水量是相似的。但是，当 PRI 处理的两个根区在灌溉前均出现严重的水分胁迫，像试验 I 的 20 d 和 27 d，根系对土壤水分和养分的吸收降低，使离子无法被根系吸收。在这种情况下，PRI 处理植株木质部中的阴离子和阳离子的浓度比 DI 处理的略低。PRI 和 DI 处理具有相同的灌溉量，尽管 PRI 和 DI 处理植株的地上部和根干重相似（图 4-5），但是，PRI 处理植株的吸氮量始终高于 DI 植株（图 4-6），这说明 PRI 处理引起的土壤水分动态变化增强了对土壤养分的吸收。机理主要有：第一，在 PRI 处理下，湿润根区土壤是灌溉到接近田间持水量的水平，较好的土壤水分条件可以促进养分从土壤向根表面的迁移（扩散或质流），从而促进了根系对养分的吸收。第二，PRI 处理下，土壤的干湿交替过程可以促进土壤有机质的矿化，从而提高土壤养分有效性，促进植株对养分的吸收。第三，PRI 处理提高了根的导水率，这可能与水通道蛋白活性增强有关。硝酸盐的吸收与水通道蛋白有关。研究结果表明，PRI 增强了根系对养分的吸收能力，使木质部的阴离子和阳离子浓度增加。研究结果同时也表明，为了保持 PRI 对养分吸收的能力，湿润根区的土壤含水量要保持在比较高的水平上。与此同时，干燥根区的土壤含水量不能过低，这不仅对于养分吸收能力，而且对于维持 ABA 信号至关重要。研究结果对亏缺灌溉在大田中的实际应用具有重要的理论和实践意义。

# 第 5 章　局部根区灌溉通过促进氮素吸收提高植株的水分利用效率

## 5.1　概述

PRI 处理引起的土壤干湿交替过程影响了土壤的生物物理化学过程，促进了土壤有机氮的矿化，提高了微生物底物浓度的有效性。关于 PRI 对作物生长和气体交换的影响的研究很多，但对于 PRI 如何影响作物养分吸收及其对水分利用效率提高的作用不明确。

可以通过两个途径提高植株叶片水平的水分利用效率，即气孔导度（$g_s$）降低或维持 / 提高光合速率（$A_n$）。PRI 处理可以加强 ABA 信号传导，从而使植株叶片气孔发生部分关闭，提高水分利用效率。需要注意的是，叶片气孔发生部分关闭的同时，叶片的光合速率也必须保持在较高的水平上，这样才能提高叶片的水分利用效率。碳同位素组成（$\delta^{13}C$）与植株的水分利用效率具有正相关关系（Farquhar 和 Richards，1984）。WUE 和 $\delta^{13}C$ 的值与细胞间（$C_i$）和大气（$C_a$）$CO_2$ 浓度的比值（即 $C_i : C_a$）有关。$C_i : C_a$ 越低，即 $C_i$ 越低，$\delta^{13}C$ 越高。这是由于，$C_i$ 降低，植株需要 $CO_2$ 时，叶片对 $^{12}CO_2$ 和 $^{13}CO_2$ 的分辨降低。$C_i : C_a$ 的降低可能是由于 $g_s$ 的降低或 $A_n$ 的提高，或者是同时由于这两种因素产生作用。气孔部分关闭增加 $\delta^{13}C$ 已经有所报道（Farquhar 和 Richards，1984）。植物氮素营养与叶片的光合能力往往有正相关关系，这可能会降低 $C_i : C_a$，从而提高 $\delta^{13}C$ 和 WUE。而不同灌溉方式下氮素营养如何贡献于 WUE 和 $\delta^{13}C$ 的提高还不清楚。

因此，本章研究利用 $^{15}N$ 同位素技术对 FI、DI 和 PRI 处理对番茄氮素吸收及其分布的影响进行了研究。同时测定了灌水处理期间植株的气孔导度（$g_s$）、木质部汁液 ABA 浓度、总 C 含量和 $\delta^{13}C$。研究目的是分析 PRI 是否可以通过提高番茄植株的氮素营养从而贡献于水分利用效率的提高。

## 5.2 研究方法

### 5.2.1 试验设置

试验是在哥本哈根大学生命科学学院试验农场的温室中进行。番茄（品种为 Cedrico）苗移植到体积为 10 L 的盆钵中（直径 18.5 cm，深度 50 cm）。每盆装土 14.0 kg，土壤容重 1.36 g·cm$^{-3}$。装盆之前，土壤预先过 2 mm 筛。土壤为砂壤土，pH 值为 6.7，总 C 为 14.2 g·kg$^{-1}$，总 N 为 1.6 g·kg$^{-1}$。土壤持水量为 30.0%，永久萎蔫点为 5.0%。在装土之前，将纯度超过 99% 的双标记 $^{15}NH_4^{15}NO_3$ 与土壤混匀，$^{15}NH_4^+$ 和 $^{15}NO_3^-$ 施用量为总氮的 8%。每盆中加入 2.0 g N，0.87 g P 和 1.66 g K，以满足作物生长所需的养分需求。

盆钵内用塑料板均匀地将盆钵分成两个垂直的隔间，防止两个隔间之间的水分交换。土壤含水量用 TDR（TRASE, soil Moisture Equipment Corp., Santa Barbara，CA，USA）监测，每个根区的中间安装 33 cm 长的探针测定土壤水分。温室的气候条件设置为：昼/夜温度为（20/17±2）℃，16 h 光周期和大于 500 μmol·m$^{-2}$·s$^{-1}$ 的光合有效辐射（PAR）。

### 5.2.2 灌溉处理

番茄苗移栽两周后开始灌溉处理。处理包括：①充分灌溉（FI），两个根区都灌水到田间持水量（30%）；②局部根区灌溉（PRI），湿润根区灌溉到田间持水量（30%），干燥根区土壤水分含量降到 7%～10%，然后两个根区交替灌溉；③亏缺灌溉（DI），将与 PRI 相同的灌水量平均灌溉到两个根区。试验采用完全随机设计，每个处理有 12 个重复。根据灌溉量、TDR 土壤水分测量值和土壤体积计算试验期间的植物耗水量。灌溉处理持续 29 d，PRI 处理的植株每个根区经历了 3 个干湿交替循环。

### 5.2.3 采样、测定与样品分析

在灌溉处理开始后的第 0、15、22 和 29 天采集样品，每次取样 4 个重复。收获时植株被分为叶、茎和果，放入 70℃烘箱烘干至恒重后测定干物质

50

量。收获叶片的时候，分为三层来采样，分别为上层叶片、中层叶片和底层叶片。叶面积用叶面积仪测量（model 3 050A，Li-Cor Inc.，Lincoln，NB，USA）。利用叶片导度仪（Decagon Devices，Inc.，Pullman，WA，USA）测定上部冠层充分伸展叶片的气孔导度。用 ELISA 方法测定木质部汁液中的 ABA 浓度。用同位素质谱仪（Europa Scientific Ltd.，Crewe，UK）测定样品中的总 N、$^{15}$N，总 C 和 $\delta^{13}$C。$\delta^{13}$C 的计算公式为：

$$\delta^{13}C = \left[ \left( R_{样品} - R_{标准} \right) / R_{标准} \right] \times 1\ 000$$

式中，$R_{样品}$ 为植株样品的 $^{13}$C 与 $^{12}$C 的比值，$R_{标准}$ 为 PDB（Pee Dee Belemnine）标准品 $^{13}$C 与 $^{12}$C 的比值。

水分利用效率使用处理期间植株地上部干重与耗水量计算。$^{15}$N 回收率使用地上部 $^{15}$N 吸收量与施用的 $^{15}$N 用量（即每盆 160 mg）计算。测定植株的碳氮比（C∶N）用于表示植株长期的氮素利用效率（NUE）。比叶 N 和 $^{15}$N 含量分别以每平方厘米叶面积的吸氮量和 $^{15}$N 吸收量计算。

### 5.2.4　统计分析

数据采用 SAS 8.2 进行单因素方差分析（SAS Institute Inc. 1999—2001）。在 5% 显著性水平下，采用邓肯多重比较法比较处理间的差异。使用回归分析确定测量参数之间的关系。

## 5.3　土壤含水量

灌溉处理期间平均土壤含水量的变化如图 5-1 所示。在 FI 处理下，土壤水分含量在 15 d 之后略有下降，此后保持在 24% 左右。在 DI 处理下，土壤水分含量在前 15 d 显著下降，后 14 d 平均保持在 16% 左右。DI 处理的土壤水分含量在 PRI 处理交替灌溉时会变大。在 PRI 处理下，土壤水分含量由灌溉根区决定。灌湿润根区的土壤含水量保持在 20% 以上，而干燥根区的土壤含水量急剧下降，在交替灌溉前土壤含水量为 7% ～ 10%。

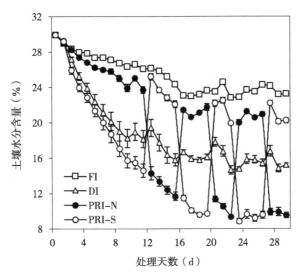

图 5-1　充分灌溉（FI）、亏缺灌溉（DI）和局部根区灌溉（PRI）
对平均土壤含水量的影响（Wang 等，2010a）

## 5.4　植物生长、干物质量、耗水量和 WUE

在第 22 和第 29 天，三种灌溉处理的叶面积有显著差异（图 5-2A）。与 FI 植株相比，DI 和 PRI 处理的植株叶片面积显著下降。三个灌溉处理的地上部干重也有类似的变化（图 5-2B）。FI 处理的地上部干重显著高于 DI 和 PRI 处理，分别比 DI 和 PRI 处理高 21% 和 11%。在第 29 天，PRI 处理的植株叶面积和地上部干重略高于 DI 处理，二者差异不显著。DI 和 PRI 处理的植株耗水量相似，均比 FI 植株少约 25%（表 5-1），而 DI 和 PRI 处理的地上干重比 FI 植株分别显著减少 18.7% 和 10.6%。PRI 植株的 WUE 最高，其次是 DI 和 FI 处理（Wang 等，2010a）。

表 5-1　充分灌溉（FI）、亏缺灌溉（DI）和局部根区灌溉（PRI）
对耗水量、地上部干重和水分利用效率的影响（Wang 等，2010a）

| 处理 | 耗水量（L·株⁻¹） | 地上部干重（g·株⁻¹） | 水分利用效率（g·L⁻¹） |
|---|---|---|---|
| FI | 28.17 ± 1.10a | 118.34 ± 4.82a | 4.20 ± 0.07c |
| DI | 20.66 ± 0.05b | 96.20 ± 1.88b | 4.66 ± 0.10b |
| PRI | 21.25 ± 0.36b | 105.85 ± 1.94b | 4.98 ± 0.11a |

注：表中的数据为平均值 ± 标准误；同一列数据后不同字母表示不同处理间差异显著（$P<0.05$）。余同。

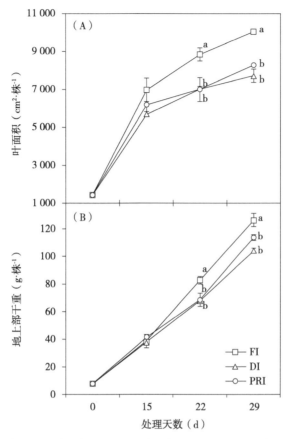

图 5-2　充分灌溉（FI）、亏缺灌溉（DI）和局部根区灌溉（PRI）处理
对番茄叶面积和地上部干重的影响（Wang 等，2010a）

## 5.5　气孔导度和木质部汁液 ABA 浓度

在灌溉处理后的前 4 d，不同灌溉处理植株的气孔导度相似（图 5-3）。此后，FI 植株的气孔导度始终高于 DI 和 PRI 植株。与 FI 植株相比，DI 和 PRI 处理显著增加了 [ABA]$_{木质部}$（图 5-4）。虽然每个采样日期测定的 [ABA]$_{木质部}$ 在 DI 和 PRI 处理之间没有显著差异，但是如果将所有采样日期样品的 [ABA]$_{木质部}$ 合并比较，PRI 植株的 [ABA]$_{木质部}$ 显著高于 DI 植株。

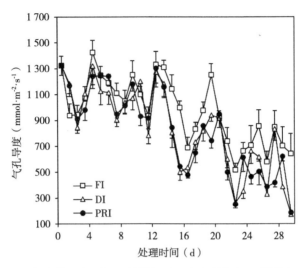

图 5-3　充分灌溉（FI）、亏缺灌溉（DI）和局部根区灌溉（PRI）
对番茄叶片气孔导度的影响（Wang 等，2010a）

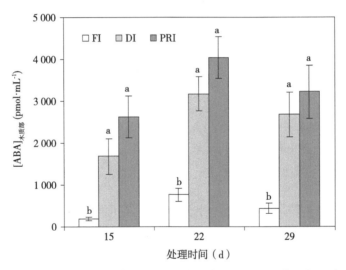

图 5-4　充分灌溉（FI）、亏缺灌溉（DI）和局部根区灌溉（PRI）
对番茄木质部汁液 ABA 浓度（[ ABA ]$_{木质部}$）的影响（Wang 等，2010a）

## 5.6　植株氮和 $^{15}N$ 浓度、吸氮量和 $^{15}N$ 回收率

在试验处理期间，FI、DI 和 PRI 处理的植株叶片、茎和果实中 N 和 $^{15}N$

浓度变化趋势相似（图 5-5）。各器官中 N 和 $^{15}$N 浓度在灌水处理期间均呈下降趋势。FI 植株叶片中的 N 和 $^{15}$N 浓度在第 15 天略高于 DI 和 PRI，但在第 22 天和第 29 天显著低于 PRI 和 DI 处理。除此之外，不同灌溉方式也影响了临界氮浓度稀释曲线（图 5-6），DI 处理的氮浓度低于 FI 和 PRI 处理。

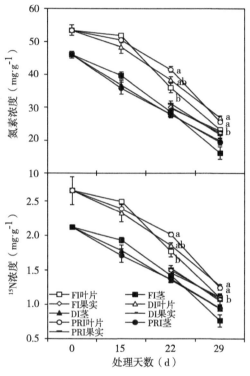

图 5-5　充分灌溉（FI）、亏缺灌溉（DI）和局部根区灌溉（PRI）
对番茄植株叶片、茎和果实中氮和 $^{15}$N 浓度的影响（Wang 等，2010a）

FI、DI 和 PRI 处理下番茄植株地上部 N 和 $^{15}$N 的吸收量如图 5-7 所示。在第 15 天，各灌溉处理的植株总 N 和 $^{15}$N 吸收量无显著差异。此后，FI 和 PRI 处理积累的 N 和 $^{15}$N 量显著高于 DI，而 PRI 处于中间水平。

FI 和 PRI 处理植株的 $^{15}$N 回收率分别比 DI 处理植株高 7.4% 和 6.3%（表 5-2）。FI 和 PRI 植株叶片的 $^{15}$N 回收率分别比 DI 植株叶片高 11.1% 和 7.8%，而 PRI 和 DI 植株茎的 $^{15}$N 回收率显著高于 FI 处理。各处理果实的 $^{15}$N 回收率没有显著差异。

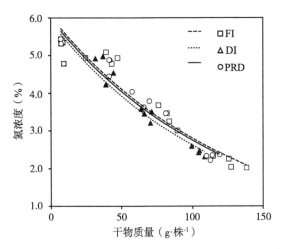

图 5-6　充分灌溉（FI）、亏缺灌溉（DI）和局部根区灌溉（PRI）
对番茄临界氮浓度稀释曲线的影响

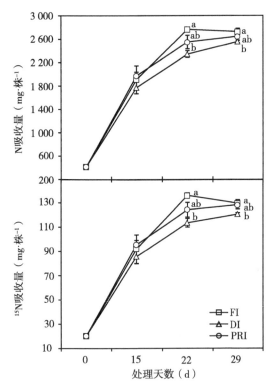

图 5-7　充分灌溉（FI）、亏缺灌溉（DI）和局部根区灌溉（PRI）
对植株 N 和 $^{15}$N 吸收量的影响（Wang 等，2010a）

表 5-2　充分灌溉（FI）、亏缺灌溉（DI）和局部根区灌溉（PRI）
对植株叶片、茎、果实和整个植株 $^{15}$N 回收率的影响（Wang 等，2010a）

| 处理 | $^{15}$N 回收率（%） | | | |
|------|------|------|------|------|
| | 叶 | 茎 | 果实 | 地上部 |
| FI | 57.96 ± 2.11a | 12.18 ± 1.28b | 10.70 ± 0.30a | 80.84 ± 1.82a |
| DI | 52.19 ± 0.69b | 13.13 ± 0.60ab | 9.97 ± 0.74a | 75.30 ± 0.71b |
| PRI | 56.27 ± 1.23ab | 15.30 ± 0.82a | 8.49 ± 1.70a | 80.06 ± 2.11ab |

## 5.7　比叶 N 和 $^{15}$N 含量

与 FI 植株相比，DI 和 PRI 处理植株的上层和中层叶片的比叶 N 和 $^{15}$N 含量显著高于 FI 植株，其中，PRI 植株最高。但不同灌溉处理间底层叶片的比叶 N 和 $^{15}$N 含量差异不显著。在 PRI 和 DI 植株中，上层叶片比叶 N 和 $^{15}$N 含量最高，中层叶片比叶 N 和 $^{15}$N 含量居中，底层叶片的最低（表 5-3）。

表 5-3　充分灌溉（FI）、亏缺灌溉（DI）和局部根区灌溉（PRI）
对上层、中层和底层叶片比叶 N 含量和比叶 $^{15}$N 含量的影响（Wang 等，2010a）

| 处理 | 比叶氮含量（mg·cm$^{-2}$） | | | 比叶 $^{15}$N 含量（μg·cm$^{-2}$） | | |
|------|------|------|------|------|------|------|
| | 上层叶片 | 中层叶片 | 底层叶片 | 上层叶片 | 中层叶片 | 底层叶片 |
| FI | 0.22 ± 0.01b | 0.18 ± 0.01b | 0.20 ± 0.02a | 10.58 ± 0.41b | 8.38 ± 0.71b | 9.41 ± 1.02a |
| DI | 0.26 ± 0.02ab | 0.23 ± 0.02a | 0.22 ± 0.00a | 12.44 ± 0.88ab | 10.97 ± 0.83a | 10.17 ± 0.23a |
| PRI | 0.28 ± 0.02a | 0.23 ± 0.01a | 0.21 ± 0.00a | 13.48 ± 0.79a | 11.02 ± 0.73a | 9.82 ± 0.14a |

## 5.8　碳同位素组成（$\delta^{13}$C）

与 FI 和 DI 处理相比，PRI 处理显著提高了番茄地上部的 $\delta^{13}$C（表 5-4）。不同层次叶片的 $\delta^{13}$C 具有相同的变化趋势，即上层叶片最高、中层叶片居中、底层叶片最低。不同灌水处理下，$\delta^{13}$C 在上层叶片最高，底层叶片最低。PRI 处理植株的叶片各层 $\delta^{13}$C 最高，其次是 DI 和 FI。$\delta^{13}$C 与比叶 N 含量呈显著的线性正相关关系（图 5-8）。此外，WUE 与地上部 $\delta^{13}C$ 呈显著的线性正相关关系（图 5-9）。

表 5-4　充分灌溉（FI）、亏缺灌溉（DI）和局部根区灌溉（PRI）对番茄植株地上部和上层、中层和底层叶片碳同位素组成（$\delta^{13}C$）的影响（Wang 等，2010a）

| 处理 | 上层叶片 | 中层叶片 | 底层叶片 | 地上部 |
|---|---|---|---|---|
| FI | −26.41 ± 0.31b | −27.52 ± 0.28b | −28.00 ± 0.50b | −27.17 ± 0.23c |
| DI | −25.60 ± 0.32ab | −26.17 ± 0.24ab | −27.46 ± 0.27ab | −26.13 ± 0.20b |
| PRI | −24.99 ± 0.18a | −25.77 ± 0.14a | −26.68 ± 0.11a | −25.58 ± 0.03a |

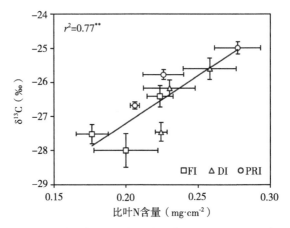

图 5-8　充分灌溉（FI）、亏缺灌溉（DI）和局部根区灌溉（PRI）下植株叶片比叶氮含量与碳同位素组成（$\delta^{13}C$）的关系（Wang 等，2010a）

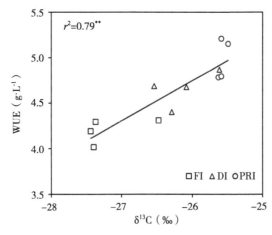

图 5-9　充分灌溉（FI）、亏缺灌溉（DI）和局部根区灌溉（PRI）下水分利用效率（WUE）与碳同位素组成（$\delta^{13}C$）的关系（Wang 等，2010a）

58

氮素利用效率随着处理时间不断增加。在第 29 天，FI 处理的 NUE 最高，PRI 居中，DI 处理的 NUE 最低（图 5-10）。在 DI 和 PRI 处理下，WUE 与 NUE 呈正相关关系（图 5-11），而 FI 处理下，WUE 与 NUE 没有这种相关关系。

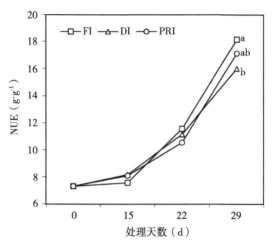

图 5-10　充分灌溉（FI）、亏缺灌溉（DI）和局部根区灌溉（PRI）
处理对氮素利用效率的影响

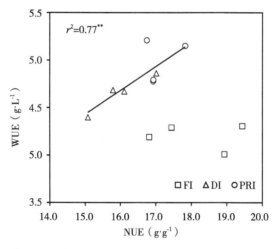

图 5-11　充分灌溉（FI）、亏缺灌溉（DI）和局部根区灌溉（PRI）下
水分利用效率（WUE）与氮素利用效率（NUE）的关系（Wang 等，2010a）

## 5.9　本章讨论与结论

本章的研究目的是探索 PRI 是否可以改善植株的氮素营养，并且贡献于

WUE 的提高，从而比较 PRI 和 DI 在提高 WUE 和 NUE 的差异。在 1 d 之中的特定时间测定植株叶片的气体交换参数，难以代表长期的气体交换情况。因此，一些研究发现，PRI 和 DI 在调节 $g_s$ 方面没有显著差异。本章研究也发现，PRI 和 DI 处理在 $g_s$ 数值上没有显著差异。为了研究灌溉处理对 WUE 长时间尺度上的影响，测定了植株的碳同位素组成（$\delta^{13}C$）。植株的 $\delta^{13}C$ 可以表征长时间尺度上的水分利用效率，而植株的碳氮比可以作为长时间尺度上的氮素利用效率的指标。下面主要论述 PRI 处理提高 WUE 的机理，包括两个过程，一是 PRI 通过调控气孔贡献于 WUE 的提高，另一个是 PRI 通过改善植株氮素营养贡献于 WUE 的提高。

### 5.9.1　ABA 化学信号调控气孔开闭贡献于 WUE 的提高

已有研究表明，PRI 诱导 ABA 信号传导，导致叶片气孔发生部分关闭，叶片生长减少，从而减少"奢侈蒸腾"，提高 WUE。本章的研究发现，PRI 和 DI 处理引起的水分亏缺都显著降低了植株叶面积（图 5-2）和 $g_s$（图 5-3），与 FI 处理相比，节水达 25%（表 5-1）。虽然 DI 和 PRI 植株生物量较 FI 植株分别减少了 18.7% 和 10.6%，但干旱胁迫处理显著提高了 WUE，尤其是 PRI 处理（表 5-1）。Dodd（2009）和 Sadras（2009）对已有文献总结后发现，对于不同的作物品种，PRI 处理通常比 DI 具有更高的 WUE。

Dodd（2007）的研究表明，在相同灌水量下，PRI 处理的番茄木质部汁液 ABA 浓度比 DI 处理的更高。研究发现，在处理期间，PRI 处理的植株木质部汁液 ABA 浓度一直高于 DI 和 FI 处理（图 5-4）。因此，在相同灌水量下，与 DI 植株相比，PRI 处理增强了对叶片的气孔调控过程，从而贡献于进一步提升植株的水分利用效率。对碳同位素组成的研究结果进一步证明了这一点。PRI 植株的 $\delta^{13}C$ 显著高于 DI 和 FI 植株（表 5-4），而且 WUE 与 $\delta^{13}C$ 呈显著的正相关关系（图 5-9）。在葡萄的研究中，de Souza 等（2003，2005）也观察到 PRI 和 DI 植株中的 $\delta^{13}C$ 相对于 FI 植株有所增加，但是，PRI 和 DI 处理之间的 $\delta^{13}C$ 没有显著差异。

### 5.9.2　氮素信号贡献于 WUE 的提高

作物受到水分胁迫后，$g_s$ 下降，而叶片的 $A_n$ 必须保持在较高的水平上，这样才可以保证植株的水分利用效率。对于作物而言，叶片的水分利用效率通常随叶片氮素含量的增加而提高，因为较高的叶片氮素含量通常与较高的光合能力有关，而高的光合能力在水分胁迫下叶片往往具有更高的光合速率。

在本章研究中，虽然所有处理施氮量相同，但不同的灌溉处理导致植株的吸氮量有很大差异（图 5-7，表 5-3）。与 DI 植株相比，FI 和 PRI 植株具有更高的吸氮量，因此，这两个处理的氮素回收率更高（表 5-2）。PRI 和 DI 叶片的 N 和 $^{15}$N 浓度高于 FI 处理（图 5-3）。高的氮素营养有利于提高叶片的光合能力，而这又会增强 WUE。研究发现，植株的比叶氮含量与 $\delta^{13}$C 呈显著正相关关系。这表明，氮素在调节叶片气体交换中起重要作用，从而贡献于亏缺灌溉条件下的 WUE。已有研究发现 WUE 和 NUE 之间具有一定的关系，本章研究发现，PRI 和 DI 植株的 NUE 和 WUE 之间具有显著正相关关系，这表明，WUE 的增加与高的 NUE 有关。值得关注的是，在低氮条件下，PRI 等灌溉管理措施可以同时提高作物的 WUE 和 NUE。

氮素吸收除了对叶片光合能力有直接影响外，还可以间接影响 ABA 的信号传导，从而调节气孔导度。研究已经表明，增加根系硝酸盐的有效性可以使番茄木质部汁液 pH 值升高，增强气孔对土壤干旱响应的敏感性。因此，氮素营养对作物 WUE 的调控可能是通过增强叶片光合能力和气孔对木质部 ABA 信号的敏感性来实现的。为了区分这两种过程的单独影响，需要进行更多的不同氮肥和灌溉处理的试验。

PRI 除了提高植株的氮素营养，还可以优化氮素在植株冠层中的分布，使顶部叶片的 N 和 $^{15}$N 含量最高，并且随着冠层高度的下降而降低（表 5-3）。与 PRI 植株相比，FI 和 DI 植株对冠层中的氮素分布影响不同（表 5-3）。在全株水平上，优化的冠层分布可以增强作物的碳同化能力。因此，PRI 植株的 $\delta^{13}$C 在上层叶片最高，中层叶片居中，下层叶片最低（表 5-4）。此外，PRI 处理植株冠层的各叶层叶片 $\delta^{13}$C 显著高于 DI 和 FI 植株的同一叶层，这表明，PRI 处理优化了冠层叶片的气体交换过程，从而贡献于水分利用效率的提高。

在相同的节水情况下，与 DI 相比，PRI 进一步优化了气孔调控。这归因于增强的 ABA 信号转导和改善的氮素营养与优化的氮素在冠层的分布。因此，PRI 在提高番茄植株 WUE 和 NUE 方面优于 DI 处理。

# 第6章 不同灌溉和氮素处理对玉米水分利用效率和氮素吸收的影响

## 6.1 概述

已有大量的关于 PRI 和 DI 处理影响作物化学和水力信号对气孔调控的研究。然而，PRI 造成的土壤干湿交替过程对氮素吸收的影响还需要进一步探索。在节水程度相同的情况下，PRI 与 DI 处理相比，PRI 处理可以促进氮素吸收，这也是 PRI 处理提高植株 WUE 的机制之一（Wang 等，2010a）。PRI 可以提高植株的氮素吸收，一个原因是 PRI 处理造成的土壤干湿交替过程促进土壤有机氮的矿化，提高土壤氮素的有效性（Wang 等，2010b）。另一个原因是 PRI 处理促进作物根系对养分的吸收。

$\delta^{13}C$ 可以用于指示水分胁迫下较长时间尺度上的水分利用效率信息（Farquhar 和 Richards，1984）。较高的 $\delta^{13}C$ 总是与更高的 WUE 具有正相关关系。植株的天然 $^{15}N$ 可以用于指示植株吸收的氮素是否更多的是来自土壤有机氮的矿化，因为土壤微生物在矿化和固定过程中辨别 $^{15}N$，从而使土壤有机氮富集 $^{15}N$（Kerley 和 Jarvis，1996）。因此，植株体内的天然 $^{15}N$ 高，表明植株吸收的氮素更多地来源于土壤有机氮。

## 6.2 研究方法

### 6.2.1 试验设置

盆栽试验于 2013 年 4—6 月在加纳库马西的恩克鲁玛科技大学（KNUST）的遮雨棚下进行。该地区属潮湿的热带草原气候，平均最高和最低温度分别为 31℃和 23℃。在玉米三叶期阶段，将其移栽至装有 19 kg 自然风干土壤的盆钵中（顶部直径 28 cm，底部直径 25 cm，深度 32 cm），土壤容重为 1.2 g·cm⁻³。装盆前，将土壤过 1 cm 筛。所有盆钵都用塑料均匀地分成两个根区，防止两个根区之间的水分交换。盆钵底部有小孔，用于排水。土壤为砂壤土，pH 值为 6.2，全氮为 1.4 g·kg⁻¹，全磷为 0.7 g·kg⁻¹，全钾为 15.8 g·kg⁻¹，土壤有机质含量为 5.7%，土壤持水量为 19%（质量含水量）。土壤的自然 ¹⁵N 丰度为 0.368%（[¹⁵N:（¹⁴N+¹⁵N）]%）。为了使主根均匀地分布在盆钵的两个根区，移栽时将根系均匀地分布在盆钵的两个根区。

## 6.2.2　灌溉和氮肥处理

试验处理包括 2 个土壤水分水平，3 种灌溉方式和 3 个氮肥水平。土壤水分水平为 60% 和 40% 土壤持水量。灌溉方式包括：①亏缺灌溉（DI），在每次灌水中，每个根区灌溉至 40% 或 60% 的土壤持水量；②局部根区灌溉（PRI），把 DI 处理完全相同的水量灌溉至 PRI 的湿润根区，与此同时，干燥根区不灌溉，在大约 8 d 后，原来的干燥根区开始灌溉，成为湿润根区，两个根区按照这个方式交替灌溉；③充分灌溉（FI），每次灌溉时两个根区均灌溉至 80% 的土壤持水量。3 个氮肥水平包括低氮（N1，1.5 g N·盆⁻¹）、中氮（N2，3.0 g N·盆⁻¹）和高氮（N3，6.0 g N·盆⁻¹）处理。试验共 15 个处理，每个处理 4 次重复。试验开始时，向每个盆钵施入 1.5 g N、0.65 g P 和 1.25 g K。灌溉处理开始后，将中、高氮处理所需的氮肥随灌溉水施入盆中。玉米植株移栽后的前 10 d 保持充分灌水。水分处理开始后，每 2 d（灌溉处理开始后的 0～24 d）或 1 d（25～51 d）进行灌溉。试验持续 7 周，在此期间，PRI 处理每个根区都经历了 6 个干湿交替循环。试验期间通过称量盆钵重量来控制土壤水分状况和灌溉量。

## 6.2.3　采样、测定和样品分析

植株在灌溉处理 51 d 后收获。用卷尺测定株高、茎粗、叶长和叶宽。叶长定义为从叶尖到主脉分支点的距离。叶宽测量的是垂直于叶长的叶片最宽区域。叶面积由叶长、叶宽和常数（0.73）相乘计算（Stewart 和 Dwyer，1999）。植株收货后，将叶、茎和穗分别称重，然后放入烘箱中，70℃ 烘干至恒重后，称量植株各器官的干重。δ¹³C 用来表征长时间尺度上的水分利用效率信息。

植株样品在球磨仪中研磨后，由同位素质谱仪（Sercon Instruments，Crewe，UK）测定总 N、$^{15}$N、总 C 和 $^{13}$C 含量。植株的天然 $\delta^{15}$N 用如下公式计算：

$$\delta^{15}N = [(R_{样品} - R_{标准}) / R_{标准}] \times 1\,000$$

式中，$R_{样品}$ 和 $R_{标准}$ 分别表示植株样品和标准品的 $^{15}$N 与（$^{14}$N+$^{15}$N）的比值。

作物耗水量通过水量平衡法计算：

$$ET = I - \theta_H$$

式中，$I$ 为植株生长过程中的灌溉量，$\theta_H$ 为收获时盆钵中的含水量。试验过程中无水分渗漏，试验开始时使用的是风干土。在整个植株水平上，水分利用效率是用植株地上部干重与整个试验期间作物耗水量的比值来计算。

### 6.2.4　统计分析

采用 SPSS 软件通过方差分析（ANOVA）对灌溉处理、氮肥用量及其相互作用的影响进行了分析。采用邓肯多重比较法比较各处理之间的显著性。采用回归分析方法确定测量参数之间的关系。

## 6.3　植株生长

灌溉处理和施氮量对植株的生长均有显著影响（表 6-1）。在不同氮肥处理下，FI 处理的株高、茎粗和叶面积显著高于其他灌溉处理。水分胁迫处理中，PRI60 处理的株高、茎粗和叶面积最高，其次是 DI60，DI40 最低。除此之外，N1 和 N2 处理的株高、茎粗和叶面积显著高于 N3 处理。（Wang 等，2017b）

表 6-1　不同灌溉和施氮处理对玉米株高、茎粗和叶面积的影响（Wang 等，2017b）

| 试验因素 | 株高（m） | 茎粗（mm） | 叶面积（cm²·株⁻¹） |
| --- | --- | --- | --- |
| 灌溉处理 | | | |
| FI | 2.3a | 6.5a | 5 848a |
| DI60 | 2.0b | 5.4bc | 4 502bc |

（续）

| 试验因素 | 株高（m） | 茎粗（mm） | 叶面积（cm²·株⁻¹） |
|---|---|---|---|
| PRI60 | 2.2ab | 5.7b | 4 706b |
| DI40 | 1.7c | 5.2cd | 3 971c |
| PRI40 | 1.8c | 4.9d | 3 865c |
| P 值 | <0.001 | <0.001 | <0.001 |
| 施氮处理 | | | |
| N1 | 2.1a | 6.1a | 5 133a |
| N2 | 2.0a | 5.6b | 4 843a |
| N3 | 1.8b | 5.0c | 3 798b |
| P 值 | <0.001 | <0.001 | <0.001 |
| 交互作用 | | | |
| P 值 | 0.033 | 0.596 | 0.319 |

注：同一列数据后不同字母表示不同处理间差异显著（$P<0.05$）。余同。

## 6.4　植株干重、耗水量、水分利用效率和 $\delta^{13}C$

　　除了不同灌溉处理下的 WUE，不同灌溉和施氮处理显著影响了植株耗水量、干重、WUE 和 $\delta^{13}C$（表 6-2）。在不同氮肥处理下，在土壤水分水平为 40% 或 60%$\theta_{WHC}$ 时，DI 和 PRI 处理没有显著影响植株耗水量和干重，并且都显著低于 FI 处理。因此，各灌溉处理间的 WUE 也相似。在 DI 和 PRI 处理下植株 $\delta^{13}C$ 和 WUE 之间具有显著的线性正相关关系（图 6-1）。然而，FI 处理并没有发现这样的相关性。在不同灌溉处理下，N1 植株的耗水量、干重、WUE 和 $\delta^{13}C$ 显著高于其他氮素处理，N2 次之，N3 最低（Wang 等，2017b）。

表 6-2　不同灌溉和施氮处理对玉米植株耗水量、干重、WUE 和 $\delta^{13}C$ 的影响（Wang 等，2017b）

| 试验因素 | 耗水量<br>（L·株⁻¹） | 地上干重<br>（g·株⁻¹） | 水分利用效率<br>（g·L⁻¹） | $\delta^{13}C$（‰） |
|---|---|---|---|---|
| 灌溉处理 | | | | |
| FI | 32.1a | 138.8a | 4.3a | −12.66a |
| DI60 | 19.3b | 89.3b | 4.5a | −13.37c |
| PRI60 | 19.3b | 93.0b | 4.8a | −13.11b |

（续）

| 试验因素 | 耗水量<br>（L·株$^{-1}$） | 地上干重<br>（g·株$^{-1}$） | 水分利用效率<br>（g·L$^{-1}$） | $\delta^{13}$C（‰） |
|---|---|---|---|---|
| DI40 | 15.0c | 68.1c | 4.5a | −13.58d |
| PRI40 | 15.2c | 69.6c | 4.6a | −13.36c |
| $P$ 值 | <0.001 | <0.001 | 0.110 | <0.001 |
| 施氮处理 | | | | |
| N1 | 24.5a | 117.7a | 4.8a | −12.99a |
| N2 | 20.3b | 92.5b | 4.6a | −13.19b |
| N3 | 16.0c | 66.5c | 4.2b | −13.43c |
| $P$ 值 | <0.001 | <0.001 | 0.001 | <0.001 |
| 交互作用 | | | | |
| $P$ 值 | 0.667 | 0.648 | 0.236 | 0.109 |

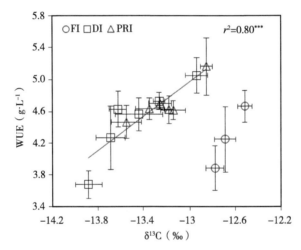

图 6-1　不同灌溉和施氮处理下玉米植株 WUE 和
$\delta^{13}$C 之间关系（Wang 等，2017b）

注：回归直线是由 DI 和 PRI 处理的数据得到。*** 表示相关关系达到极显著水平（$P<0.001$）。

## 6.5　植株吸氮量和天然 $\delta^{15}$N

灌溉和氮肥处理显著影响了植株吸氮量和天然 $\delta^{15}$N 含量（表 6-3）。在不同氮肥处理下，FI 处理植株的吸氮量显著高于其他灌溉处理。水分胁迫处理中，PRI 和 DI 处理的吸氮量相似，PRI60 处理植株的吸氮量比 DI60 处理的增加了 8.3%。在不同灌溉处理下，N1 和 N2 处理植株的吸氮量比 N3 处理分别提高了 7.0% 和 14.1%。植株体内的天然 $\delta^{15}N$ 随着施氮量的增加而显著增加，而在不同氮肥处理下，DI 和 PRI 处理植株的天然 $\delta^{15}N$ 没有显著差异，均显著高于 FI 处理（Wang 等，2017b）。

表 6-3　不同灌溉和施氮处理对玉米植株吸氮量和天然 $\delta^{15}N$
含量的影响（Wang 等，2017b）

| 试验因素 | 吸氮量（g·株$^{-1}$） | 天然 $\delta^{15}N$（‰） |
|---|---|---|
| 灌溉处理 | | |
| FI | 1.78a | 4.29b |
| DI60 | 1.33bc | 7.66a |
| PRI60 | 1.44b | 7.02a |
| DI40 | 1.14c | 7.56a |
| PRI40 | 1.16c | 7.00a |
| $P$ 值 | <0.001 | <0.001 |
| 施氮处理 | | |
| N1 | 1.37ab | 2.17c |
| N2 | 1.46a | 6.19b |
| N3 | 1.28b | 11.44a |
| $P$ 值 | 0.094 | <0.001 |
| 交互作用 | | |
| $P$ 值 | 0.710 | 0.015 |

## 6.6　本章讨论与结论

研究已经表明，PRI 处理能够诱导植株的气孔发生部分关闭，降低叶片扩展，从而提高水分利用效率。本章研究结果显示，PRI 和 DI 处理引起的水分胁迫显著降低了植株叶面积（表 6-1），因此，DI 和 PRI 处理的耗水量显著降低，比 FI 处理减少了 33%～50%。与此同时，水分胁迫显著降低了植株干重，因此，各灌溉处理植株水平的水分利用效率没有显著差异（表 6-2）。在两个水分胁迫条件下，与 FI 处理相比，PRI 处理的 WUE 分别提高了 12.4% 和 7.3%，DI 处理的 WUE 始终低于 PRI 处理，且与 FI 处理相比，DI 处理的 WUE 仅提高了 4.7% 和 5.2%。在不同灌溉处理下，高氮处理的施氮量虽然最高，但是这对植株生长产生了抑制作用，使植株的生长和干重显著降低，导致 WUE 降低（表 6-1，表 6-2）。

虽然 PRI 和 DI 都能诱导 ABA 信号转导，降低植株的耗水量，然而，我们的研究也发现，在相似程度的土壤水分亏缺条件下，与 DI 处理相比，PRI 处理植株的木质部 ABA 浓度更高，从而可以更好地控制气体交换，进一步提高 WUE。在本章研究中，与 FI 和 DI 处理相比，尽管差异不显著，但 PRI 处理的植株 WUE 最高（表 6-2）。此外，PRI 处理的植株地上部 $\delta^{13}C$ 显著高于 DI 处理，并且 DI 和 PRI 处理 WUE 与 $\delta^{13}C$ 呈显著正相关关系（图 6-1）。这进一步说明，PRI 对气体交换的优化调控贡献于 WUE 的提高（Wang 等，2010a）。

除了提高作物的 WUE，研究还表明，PRI 可以通过改善氮素营养来提高 PRI 处理的 WUE（Wang 等，2010a，b）。在玉米的研究中，Wang 等（2012d）研究发现，在不同施氮处理下，与 DI 处理相比，PRI 处理的植株叶片氮积累量显著增加了 4.8%。在马铃薯的研究中，Wang 等（2009）研究表明，与 DI 处理相比，PRI 处理的植株氮积累量增加了 20%。Liu 等（2015）研究指出，与 DI 处理相比，PRI 处理的植株吸氮量增加了 23%～34%。在本章研究中，PRI 处理的植株氮积累量比 DI 处理高 8.3%，但两个处理之间的差异并没有达到显著水平。Kirda 等（2005）和 Shahnazari 等（2008）发现 PRI 和 DI 处理下植株的吸氮量相似。

植物对氮素的吸收主要受到土壤氮素有效性和植株生物量的调节。王耀生等研究表明，PRI 处理造成的土壤干湿交替过程可以促进土壤有机氮的矿化，从而增加土壤氮素有效性（Wang 等，2010b）。在本章研究中，没有标记同位素，但是通过测定植株体内的天然 $\delta^{15}N$ 来反映土壤中有机氮的矿化（Högberg，1997）。在不同氮肥处理下，DI 和 PRI 处理的植株天然 $\delta^{15}N$ 显著高于 FI 处理（表 6-3），这表明，在 PRI 和 DI 处理下，土壤有机氮对两者的氮素吸收贡献更大。本章研究发现，DI 和 PRI 处理的植株体内的天然 $\delta^{15}N$

没有显著差异，这表明，两个处理土壤中的有机氮矿化程度相似，土壤氮素有效性也相似。因此，PRI 和 DI 处理植株的吸氮量没有显著差异。Sun 等（2013a）研究也发现，PRI 处理植株的 $\delta^{15}N$ 和 DI 处理相似。对于 DI 处理，土壤剖面的上层土壤也经历了频繁的干湿交替过程，这与 PRI 处理类似，也可以促进土壤有机氮的矿化，从而导致两个灌溉处理间的天然 $\delta^{15}N$ 相似。

通过分析土壤中 $\delta^{13}C$ 的变化，用其表征土壤中有机物的分解。研究发现，与 PRI 处理相比，DI 的土壤含水量较低，水分变化幅度小，但是，DI 处理显著增加了添加的有机物的矿化（Wang 等，2013）。PRI 处理造成的土壤干湿交替过程对土壤养分的促进作用可能是一个短暂的过程（Denef 等，2001a,b；Mikha 等，2005）。土壤经过几次的干湿交替循环之后，土壤养分的释放可能会随着灌溉处理的进行而消失，从而导致 PRI 与 DI 处理具有相似的氮素有效性。

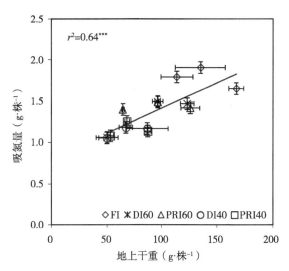

图 6-2　不同灌溉和施氮处理下玉米植株的地上干重与
吸氮量之间的关系（Wang 等，2017b）

在不同灌溉处理下，植株的天然 $\delta^{15}N$ 随着施氮量的增加而显著增加。这可能与中氮和高氮处理的氮素形态有关。试验中使用了尿素作为氮肥，尿素必须先固定再矿化才能被植物吸收。在这种情况下，土壤氮素的矿化对作物吸收足够的氮素变得更加重要，因此，中氮和高氮处理中的天然 $\delta^{15}N$ 含量更高。作物吸收氮素不仅受到土壤氮素有效性的影响，还受到植株生物量的影响。在本章研究中，植株吸氮量与干重之间呈显著的线性相关关系（图6-2），这表明，植株吸收氮素与生物量密切相关。PRI和DI处理具有相似的植株干重，因此生物量对吸收氮素没有显著影响。当土壤水分水平从40%增加到60%，与DI处理相比，PRI处理的植株吸氮量呈增加趋势。这表明，在湿润根区，保持良好的土壤含水量对于提高PRI处理吸收氮素至关重要。PRI处理湿润根区良好的土壤水分条件有利于土壤氮素的质流和扩散，水分与根系具有更好的接触，都能够促进水分和养分的吸收。

总之，与水分充足的处理相比，水分亏缺显著降低了植株耗水量和地上干重，同时显著减少了植株吸氮量。与DI处理相比，增加湿润区土壤含水量可以提高氮素吸收。因此，为了保证养分吸收，PRI处理的湿润根区应该保持较好的土壤水分条件。

# 第7章 局部根区灌溉提高氮肥氮素利用效率的机制

## 7.1 概述

当灌水量相同时，与 DI 相比，PRI 可以改善作物的氮素营养（Wang 等，2009；2010a,b）。用 $^{15}N$ 同位素标记技术研究也发现，在节水程度相同的情况下，与 DI 处理的番茄植株相比，PRI 处理显著提高了植株的吸氮量（Wang 等，2010a，2017b）。氮素营养提高和优化的冠层氮素分布可以增强植株的光合能力，使 PRI 处理提高作物的 WUE（Wang 等，2010a,b）。对玉米（Kirda 等，2005；Hu 等，2009；Wang 等，2012b）和马铃薯（Shahnazari 等，2008；Wang 等，2009；Jovanovic 等，2010）的研究表明，PRI 改善了作物的氮素营养，其原因是 PRI 促进了土壤有机氮的矿化，提高了土壤氮素有效性，增强了植株根系吸收氮素的能力。此外，作物对氮素的需求增大，也会促进氮素吸收。大量研究已经表明，土壤的干湿交替过程会引起"Birch 效应"，促进无机氮进入土壤溶液（Birch，1958；Xiang 等，2008；Butterly 等，2009）。因此，在 PRI 处理，土壤的干湿交替过程加上更强烈的土壤水分动态变化促进了土壤有机氮的矿化，从而增加了可供作物吸收利用的无机氮。将 $^{15}N$ 标记的玉米秸秆施入土壤，试验后发现，PRI 处理的净 $^{15}N$ 矿化率比 DI 处理提高了 25%（Wang 等，2010b）。与此同时，与 DI 处理相比，PRI 造成的土壤干湿交替过程可以增强质流，从而可以提高硝酸盐从土壤转移到根系表面供作物吸收。PRI 处理的湿润区土壤含水量较高，根系表面与土壤水分接触更好，有利于水分和养分的吸收。

低投入和有机农业系统面临的主要挑战之一是有机物质投入后的矿化和如何满足作物对氮素的需求问题（Clark 等，1999）。在低投入和有机农业系统中通过 PRI 促进"Birch 效应"，可以增强土壤有机氮的矿化，提高施入的有机氮的利用效率，从而提高作物产量和品质。已经有研究表明，可以通过改善灌溉措施来提高作物对肥料的氮素利用效率。然而，PRI 是否能够通过提高作物的氮素吸收，提高在无机氮和有机氮肥施用之后的氮素利用效率尚不清楚。因此，本章研究的目的是探索 PRI、无机和有机氮肥对氮素利用效率的影响及其机制。研究结果对于优化灌溉和施肥策略，同时提高水分和氮素利用效率具有重要意义。

## 7.2 研究方法

### 7.2.1 试验设置

该试验于 2010 年 8—10 月在丹麦哥本哈根大学生命科学学院试验农场的温室中进行。土壤为砂壤土，pH 值为 6.7，全碳含量为 10.3 g·kg$^{-1}$，全氮含量为 1.0 g·kg$^{-1}$，$NH_4^+$-N 为 0.1 mg·kg$^{-1}$，$NO_3^-$-N 为 5.3 mg·kg$^{-1}$，土壤持水量和永久萎蔫点的土壤含水量分别为 30.0 和 5.0%（体积含水量）。试验用盆钵的体积为 10 L（直径 17 cm，深 50 cm），用塑料将盆钵均匀地分成两个垂直根区，然后用硅胶将它们粘在盆钵壁上，防止两个根区之间的水分交换。土壤先过 2 mm 筛，然后将 14.0 kg 自然风干土壤装满盆钵，土壤容重为 1.30 g·cm$^{-3}$。花盆底部有小孔（1.5 mm），允许自由排水。处理期间没有灌溉水渗漏。番茄苗五叶期时，将幼苗移入盆钵中。用时域反射仪监测盆钵内土壤平均含水量，在每个土壤根区的中间位置安装长为 33 cm 的探针。温室中的气候条件设置为：昼 / 夜温度（20/17 ± 2）℃，光周期 16 h，光合有效辐射 > 500 μmol·m$^{-2}$·s$^{-1}$。

### 7.2.2 灌溉和氮肥处理

试验处理包括 2 种灌溉方式和 3 个氮肥处理。灌溉方式为 DI 和 PRI，氮肥处理包括施用无机氮（MinN）、有机氮（OrgN）和不施氮（NoN）处理。装盆前，将氮肥与土壤充分混匀。对于 MinN 处理，每盆施入 4.0 g 无机氮肥，氮肥施用的是 $NH_4NO_3$；对于 OrgN 处理，每盆施入 4.0 g 有机氮，氮肥施用的是玉米秸秆。玉米秸秆全氮和全碳含量分别为 28.8 g N·kg$^{-1}$ 和 411.4 g C·kg$^{-1}$。

与土壤混匀前，玉米秸秆被磨成粉末，粒径＜1.5 mm。玉米秸秆使用 $^{15}$N 标记，$^{15}$N 含量为 2.85%，每个盆钵中施入的 $^{15}$N 量为 99.3 mg。为了满足作物生长需要，每个盆钵的土壤中混匀施入磷和钾，用量分别为 0.87 g·盆$^{-1}$ 和 1.66 g·盆$^{-1}$。

番茄苗移栽 10 d 后开始灌溉处理，包括：①局部根区灌溉（PRI），湿润根区土壤水分灌溉至 29%（95% 土壤持水量），干燥根区土壤含水量降到 7%～13%，然后两个根区交替灌溉。两个根区分别用 PRI-L 和 PRI-R 表示。②亏缺灌溉（DI），将与 PRI 相同的灌水量均匀地分成两份，分别灌溉到 DI 处理的两个根区。试验为完全随机设计，每个处理重复 6 次，总共 36 盆。根据灌溉量、土壤水分测量值和土壤体积计算处理期间的灌水量。灌溉处理持续 34 d，在此期间，PRI 处理的每个根区都经历了 3 次干湿交替循环。

## 7.2.3　采样、测定与样品分析

灌溉处理开始后（DAT）的第 34 天，试验结束。收获植株、根际土壤和土壤样品。根际土壤是指附着在根部 5 mm 以内的土壤颗粒。将土壤过 2 mm 网筛，放在 4℃下保存，在 10 d 内进行无机氮浓度分析。

将植株样品分为叶、茎和果实，并根据叶片在冠层中的位置将其分为上层叶片、中层叶片和底层叶片。植株样品在烘箱中 70℃烘干至恒重后，称量植株各器官的干重。植株样品在球磨仪中研磨后，用同位素质谱仪（Europa Sercon Ltd., Crewe, UK）测定总氮、$^{15}$N 和碳同位素组成（δ$^{13}$C）。δ$^{13}$C 计算采用如下方法：

$$\delta^{13}C = \left[\left(R_s - R_b\right)/R_b\right] \times 1\,000 \tag{7-1}$$

式中，$R_s$ 为植株样品的 $^{13}$C 与 $^{12}$C 的比值，$R_b$ 为 PDB（Pee dee belemnine）标准下的 $^{13}$C 与 $^{12}$C 的比值。

在整个植株水平上，WUE 为植株地上部干重与整个试验期间作物耗水量的比值。

为了测定土壤 $NH_4^+$-N 和 $NO_3^-$-N，新鲜的土壤样品用 1 mol·L$^{-1}$ KCl 溶液以 1:4 的土壤和水的比例混匀后在振荡仪上振荡 45 min。提取液过滤后，放入 -20℃下冷冻，随后使用连续流动分析仪（Autoanalyzer 3, Bran+Luebbe GmbH, Norderstedt, Germany）测定 $NH_4^+$ 和 $NO_3^-$ 浓度。表观净

氮矿化通过试验结束与试验开始时植株氮素累积量和土壤无机氮的差异计算。

对不同施氮方式下施氮和不施氮处理的肥料氮利用效率进行评价，计算公式如下（Baligar 等，2001）：

$$N_y = DM \times \%N \tag{7-2}$$

式中，$N_y$ 是氮产量（g N·盆$^{-1}$），$DM$ 是总干重（g·盆$^{-1}$），$\%N$ 是干重中氮素的浓度。

农艺氮素利用效率（$ANUE$）表示为：

$$ANUE = （干重_{N_+} - 干重_{N_0}）/ 施氮量 \tag{7-3}$$

$N_+$ 和 $N_0$ 分别表示施肥和未施肥处理。

表观氮回收率（$ANRE$）定义为：

$$ANRE（\%）= [（氮累积量_{N_+} - 氮累积量_{N_0}）/ 施氮量] \times 100 \tag{7-4}$$

$^{15}$N 回收率，即玉米秸秆中的 $^{15}$N 被植株吸收的量，计算公式为：

$$^{15}N 回收率（\%）= （植株 ^{15}N 原子丰度 / 秸秆 ^{15}N 原子丰度）\times$$

$$（氮累积量_{N_+} / 秸秆氮量）\times 100 \tag{7-5}$$

秸秆氮量为添加秸秆的施氮总量（g·盆$^{-1}$），即 4 g N·盆$^{-1}$。

### 7.2.4 统计分析

使用 SAS GLM（SAS Institute，Inc.，2004）对数据进行 5% 显著水平的方差分析。

## 7.3 土壤含水量和水分胁迫

对于 DI 处理，在灌溉处理开始后的前 14 d，土壤含水量显著下降。在灌溉处理的后 20 d 内，MinN、OrgN 和 NoN 施氮处理下的土壤含水量分别保持在 15%、18% 和 24% 左右。DI 处理的土壤含水量在 PRI 处理干湿根区交替灌溉时会小幅增加。对于 PRI 处理，土壤含水量的变化取决于根区土壤是否被灌溉。MinN、OrgN 和 NoN 施氮处理下，湿润根区的土壤含水量分别保持在 19%、23% 和 26% 以上；干燥根区的土壤含水量在不灌溉后迅速下降，分别为 7%～12%、12%～14% 和 16%～23%（图 7-1）。表 7-1 是 MinN、OrgN 和 NoN 施氮处理下 PRI 和 DI 处理期间土壤水分胁迫水平（Wang 等，2013）。

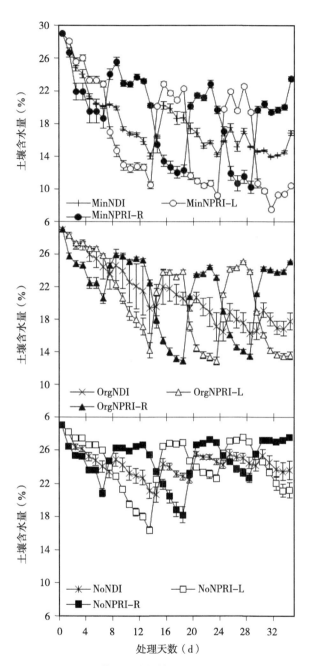

图 7-1　不同灌溉和施氮处理下 DI 和 PRI 处理的
日平均土壤含水量变化（Wang 等，2013）

表 7-1   不同施氮处理下 PRI 和 DI 处理的水分胁迫水平
（在灌溉前土壤剩余的可利用的水量）（Wang 等，2013）

| 处理 | DI（%） | PRI | |
|------|--------|-----------|-----------|
| | | 湿润区（%） | 干燥区（%） |
| MinN | 45 | 60 | 31 |
| OrgN | 55 | 67 | 43 |
| NoN | 67 | 74 | 61 |

## 7.4   生物量、耗水量和水分利用效率

DI 和 PRI 处理的植株耗水量没有显著差异。在不同施氮处理下，PRI 处理的植株干重显著高于 DI 处理，而两处理之间的植株耗水量和 WUE 无显著差异。在不同灌溉处理下，MinN 处理的植株耗水量、干重和 WUE 显著高于 OrgN 处理（表 7-2）。MinN 处理的植株比 OrgN 处理的植株多消耗 47% 的水，也多产生 61% 的生物量，WUE 也增加了 8%。灌溉与氮肥处理对干重、耗水量和 WUE 无显著交互作用（Wang 等，2013）。

表 7-2   不同灌溉和施氮处理对番茄植株耗水量、
干重和 WUE 的影响（Wang 等，2013）

| 影响因素 | 耗水量（L·株$^{-1}$） | 地上干重（g·株$^{-1}$） | 水分利用效率（g·L$^{-1}$） |
|---------|----------|----------|----------|
| 灌溉处理 | | | |
| DI | 23.2a | 94.7b | 4.1a |
| PRI | 23.3a | 100.2a | 4.3a |
| $P$ 值 | 0.535 | 0.035 | 0.080 |
| 氮素处理 | | | |
| MinN | 27.7a | 120.2a | 4.3a |
| OrgN | 18.8b | 74.7b | 4.0b |
| $P$ 值 | <0.001 | <0.001 | 0.006 |
| 交互作用 | | | |
| $P$ 值 | 0.927 | 0.897 | 0.767 |

注：同一列数据后不同字母表示不同处理间差异显著（$P<0.05$）。余同。

## 7.5　叶片氮浓度

在不同施氮处理下，PRI 和 DI 处理植株的各层叶片的氮浓度相似。在不同灌溉处理下，MinN 处理的植株上、中和底层叶片的氮浓度显著高于 OrgN 处理（图 7-2）。氮浓度都是上层叶片最高，中层叶片其次，底层叶片最低。

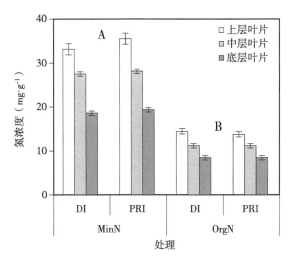

图 7-2　不同灌溉和施氮处理对番茄植株上层、中层和
底层叶片氮浓度的影响（Wang 等，2013）

注：A 与 B 表示施氮处理差异显著。

## 7.6　氮产量和肥料氮素利用效率

在不同氮肥处理下，PRI 处理的氮产量、ANUE 和 ANRE 显著高于 DI 处理（表 7-3）。在不同灌溉处理下，MinN 处理的氮产量、ANUE 和 ANRE 分别比 OrgN 处理高 261%、105% 和 408%。灌溉和施氮处理对氮产量、ANUE 和 ANRE 没有显著交互作用（Wang 等，2013）。

表 7-3　不同灌溉和施氮处理对氮产量、农艺氮素利用效率（ANUE）和
表观氮回收率（ANRE）的影响

| 影响因素 | 氮产量<br>（mg·盆⁻¹） | 农学氮素利用效率<br>（g·g⁻¹） | 表观氮回收率<br>（%） |
|---|---|---|---|
| 灌溉处理 | | | |
| DI | 1 822.7b | 15.6b | 38.1b |
| PRI | 1 937.2a | 17.2a | 41.0a |
| $P$ 值 | 0.034 | 0.015 | 0.029 |
| 氮素处理 | | | |
| MinN | 2 943.5a | 22.1a | 66.1a |
| OrgN | 816.3b | 10.8b | 13.0b |
| $P$ 值 | <0.001 | <0.001 | <0.001 |
| 交互作用 | | | |
| $P$ 值 | 0.123 | 0.897 | 0.123 |

　　OrgN 处理的 $^{15}N$ 吸收量和回收率相似，PRI 处理高于 DI 处理（5%），但两个处理之间没有显著差异（图 7-3）。不同处理植株的地上干重与吸氮量之间呈显著正相关关系（图 7-4）。

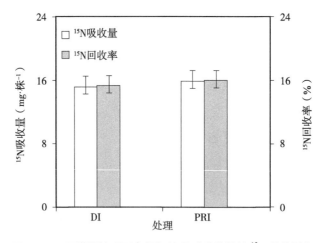

图 7-3　不同灌溉处理下有机氮处理对番茄植株 $^{15}N$ 吸收量和
$^{15}N$ 回收率的影响（Wang 等，2013）

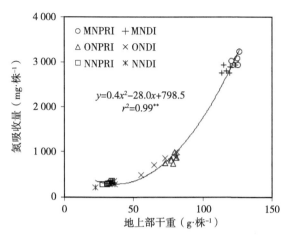

图 7-4　不同灌溉和施氮处理下番茄植株地上部干重与氮吸收量的关系（Wang 等，2013）

## 7.7　根际和非根际土壤有效氮、表观净氮矿化量和土壤 $\delta^{13}C$

灌溉和氮肥处理对根际和非根际土壤无机氮均有显著影响（表 7-4）。在不同氮肥处理下，DI 处理的根际土壤无机氮浓度比 PRI 处理高 30%，非根际土壤无机氮量比 PRI 处理高 159%。PRI 处理的表观净氮矿化量稍高于 DI 处理。在不同灌溉处理下，MinN 处理的根际土壤无机氮浓度和非根际土壤无机氮量分别比 OrgN 处理高 129% 和 236%，而 OrgN 处理的表观净氮矿化量显著高于 MinN 处理。灌溉和施氮处理对根际土壤无机氮浓度和表观净矿化量没有显著交互作用（Wang 等，2013）。

表 7-4　不同灌溉和施氮处理对根际土壤无机氮浓度、土壤无机氮量及表观净氮矿化量的影响（Wang 等，2013）

| 影响因素 | 根际土壤无机氮浓度（$\mu g \cdot g^{-1}$） | 土壤无机氮量（$mg \cdot 盆^{-1}$） | 表观净氮矿化量（$mg \cdot 盆^{-1}$） |
|---|---|---|---|
| 灌溉处理 | 34 d | 34 d | 0 ～ 34 d |
| DI | 1.3a | 28.7a | −248.8a |
| PRI | 1.0b | 11.1b | −151.9a |
| $P$ 值 | 0.014 | 0.028 | 0.074 |
| 氮素处理 | | | |
| MinN | 1.6a | 30.6a | −1 126.0b |

（续）

| 影响因素 | 根际土壤无机氮浓度<br>（μg·g$^{-1}$） | 土壤无机氮量<br>（mg·盆$^{-1}$） | 表观净氮矿化量<br>（mg·盆$^{-1}$） |
| --- | --- | --- | --- |
| OrgN | 0.7b | 9.1b | 725.3a |
| $P$ 值 | <0.001 | 0.009 | <0.001 |
| 交互作用 | | | |
| $P$ 值 | 0.251 | 0.010 | 0.258 |

在 MinN 处理下，DI 和 PRI 处理的土壤 δ$^{13}$C 值相似，都在 -26.5‰ 左右。在 OrgN 处理下，与 DI 处理相比，PRI 处理的土壤 δ$^{13}$C 值显著降低，为 -23.9‰（图 7-5）。

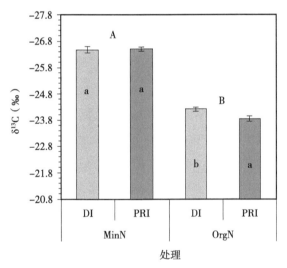

图 7-5　不同灌溉和氮肥处理对土壤 δ$^{13}$C 的影响（Wang 等，2013）

注：不同的大小写字母分别表示氮肥处理和灌溉处理差异显著。

## 7.8　本章讨论与结论

PRI 提高了番茄植株的 WUE，并改善了植株的氮素营养。在节水程度相同情况下，与传统的 DI 灌溉方式相比，PRI 进一步提升了 WUE。在本章研究中，PRI 处理植株的 WUE 比 DI 处理提高 5%，但是与 DI 处理之间没有达到显著差异（表 7-2）。王耀生等研究表明，在灌水量相同情况下，PRI

可以改善植株的氮素营养，这是 PRI 处理提高 WUE 的原因之一（Wang 等，2010a,b）。研究结果显示，在不同施氮处理下，与 DI 处理的植株相比，PRI 处理植株的吸氮量显著增加，进一步证明 PRI 处理可以提高植株对氮素的吸收（表 7-3）。与此同时，施用有机氮和无机氮对研究结果也有影响。施用无机氮肥可以显著提高 WUE 和氮产量，MinN 处理的植株 WUE 和氮产量比 OrgN 处理分别显著提高 8% 和 261%（表 7-2，表 7-3）。

PRI 提高了肥料氮素利用效率。ANUE 表示作物通过施用的氮肥增加产量的能力，ANRE 反映的是作物从土壤中获取施用的氮素的能力。在本章研究中，虽然 PRI 和 DI 处理的灌溉水量相同，但是 PRI 处理的 ANUE 和 ANRE 显著高于 DI 处理（表 7-3）。这表明，PRI 提高了作物从土壤中获取氮素的能力或者提高了土壤氮素的有效性，从而显著增加了表观氮素回收率。在 PRI 处理，湿润根区的水分胁迫水平显著低于 DI 和 PRI 干燥根区（表 7-1），湿润根区的根系可以增加该根区的水分吸收，保证植株的正常生理活动，从而使 PRI 处理的 ANUE 高于 DI 处理。Kirda 等（2005）结果显示，与 DI 处理相比，PRI 处理提高了玉米植株氮肥回收率。然而，对于马铃薯，Shahnazari 等（2008）研究表明，PRI 处理的 ANUE 与 DI 处理相似。

作物对土壤氮素的吸收受土壤氮素有效性和作物生物量积累的调控。在本章研究中，土壤的供氮能力可以通过 NoN 处理植株的吸氮量来估算。NoN 处理的植株吸氮量很低，约为 300 mg N·盆$^{-1}$。因此，植株中积累的氮主要是来自施用的氮肥。尽管在不考虑氮肥处理时，PRI 处理的氮产量和肥料氮素利用效率均高于 DI 处理，但是在整个处理期间，造成这一影响的机制在 MinN 和 OrgN 处理之间不同。

图 7-6 为 PRI 与 DI 相比，影响肥料氮素利用效率的机制图。在 MinN 处理下，土壤中添加无机氮之后，氮素的有效性不是作物氮素吸收的限制性因素，而无机氮从土壤向根系表面的运输以及根系对氮素的吸收能力可能是决定作物从氮肥中吸收氮素的主要因素。到达根表面的氮量取决于土壤水流量和土壤溶液中氮的浓度。在 PRI 处理，一半的根系是在土壤水分条件良好的湿润根区，作物根系也会从湿润根区吸收大量的水分，这有利于无机氮（主要是硝酸盐）通过扩散或质流到达根系表面，从而被作物吸收利用。

在 DI 处理，土壤水分变化相对较小，降低了质流，减少了到达根系表面的硝酸盐，从而导致氮素的吸收减少（图 7-6，过程 1）。根系导水率与土壤含水量往往呈线性关系。在 PRI 处理，湿润区根系增加了与水分和养分的接触面积，从而提高了通过质流到达根系表面的硝酸盐的吸收。PRI 处理土壤水分动态变化和干湿交替过程可以增加根系密度（Abrisqueta 等，2008）。在根系周围的局部高浓度硝酸盐可以刺激水通道蛋白的活性（Gorska 等，2008）和硝酸盐转运蛋白的活性（Vandeleur 等，2005）。以上这些过程可以提高根系对氮素的吸收能力（图 7-6，过程 2）。与 DI 处理的土壤相比，PRI 处理显著降低了根际和非根际土壤无机氮浓度和量（分别降低了 23% 和 61%），Shahnazari 等（2008）和 Kirda 等（2005）研究结果也表明，马铃薯和玉米植株在 PRI 处理下土壤中残留的无机氮含量降低。

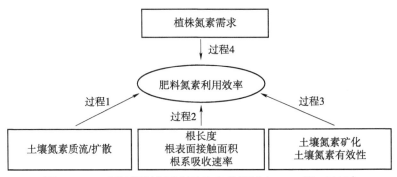

图 7-6　PRI 调控肥料氮素利用效率的机制（Wang 等，2013）

作物吸收的主要是土壤中的无机氮。尽管 PRI 增加了无机氮的迁移，增强了根系对硝酸盐的吸收能力。有机氮处理中施用的玉米秸秆碳氮比较低。施入土壤中后，首先会引起土壤微生物对无机氮的固定，从而降低土壤氮素有效性。随着灌溉处理的进行，施用的有机氮逐渐被矿化，供植物吸收利用。因此，在处理期间，土壤中较低的无机氮有效性是限制 OrgN 处理植株对氮素吸收的主要因素。研究表明，PRI 处理下的干湿交替循环会促进"Birch 效应"，因此，有更多的无机氮进入土壤溶液中供作物吸收。与 DI 处理相比，PRI 提高了植株的氮素营养（Wang 等，2010a,b; 2017b）。土壤中 $\delta^{13}C$ 的变化可以指示不同 $\delta^{13}C$ 特征的土壤有机化合物的分解速率（Balesdent 和 Mariotti，1996）。在本章研究中，将具有较高 $\delta^{13}C$（-12.8‰）的玉米秸秆施入土壤，作为有机氮的来源。土壤的初始 $\delta^{13}C$ 值为 -25.8‰。根据玉米秸秆和土壤总 C 含量以及 $\delta^{13}C$ 值，可以计算出混合后初始的 $\delta^{13}C$ 值为 -20.8‰。试验结束后，灌溉处理对土壤样品的 $\delta^{13}C$ 有显著影响，PRI 处理的土壤（-23.9‰）$\delta^{13}C$ 显著高于 DI 处理（-24.2‰）（图 7-5）。假设土壤本身有机碳的 $\delta^{13}C$ 在处理期间保持不变，试验结束后，土壤样品中 $\delta^{13}C$ 的变化主要是由于玉米秸秆的分解造成。PRI 处理土壤的 $\delta^{13}C$ 值明显高于 DI 处理，这表明与 PRI 处理相比，在 DI 处理下被矿化的玉米秸秆数量显著增加。在这种情况下，标记的 $^{15}N$ 应该已经被矿化并被作物吸收。PRI 处理的表观净氮矿化量略高于 DI 处理（表 7-4）。土壤 $\delta^{13}C$ 的变化对土壤有机氮矿化的影响与植株中 $^{15}N$ 的回收量之间的矛盾，可能是由于灌溉处理改变了土壤自身有机碳的分解。

氮回收是作物吸收氮素和土壤中微生物固定氮素之间平衡的结果（Hirel 等，2007）。土壤微生物的活性取决于土壤微生物的数量、可利用的底物浓度、氧气含量、酶活性以及作为微生物运输媒介的土壤水分状况（Swift 等，1979；Paul 和 Clark，1989）。研究表明，PRI 处理增强的土壤水分动态变化增加了再湿润干燥土壤的微生物活性，改善了氮矿化过程中微生物底物浓度，使土壤中有更多的无机氮，再加上良好的土壤水分条件，与 DI 处理相比，PRI 处理下土壤中的无机氮更容易被根系吸收（Wang 等，2010b）。与此同时，PRI 还可以提高土壤酶活性（Li 等，2010）以及土壤细菌和真菌种群数量（Wang 等，2008）。与 DI 相比，PRI 处理的土壤水分动态对土壤微生物群落和菌群组成的动态调控也有利于土壤氮素矿化（Wang 等，2010b）。因此，本章研究表明，在 OrgN 施氮处理下，PRI 处理的植株 $^{15}N$ 吸收量、$^{15}N$ 回收率和表观净氮矿化率都有所提高，PRI 处理促进了土壤有机氮的矿化（图 7-3，表 7-4，图 7-6 过程 3）。

作物对氮素的吸收不仅受土壤无机氮有效性的影响，还受植物生物量的调节。在本章研究中，地上干重与氮吸收量之间具有显著正相关关系也清楚地证明了这一点（图 7-4）。结果表明，植物吸氮与生物量积累密切相关。PRI 处理的植株干重显著高于 DI 处理，这可能增加了植株对氮素的需求，从而促进了植株从土壤中吸收更多的氮素（图 7-6 过程 4）。

综上所述，与 DI 处理相比，PRI 处理在根区造成了更强烈的土壤水分动态变化以及土壤剖面的干湿交替循环，这可以提高土壤中无机氮的迁移（$NO_3^-$ 由非根际土壤向根系表面），提高湿润区根系对氮素的吸收能力，增加了土壤有机氮矿化并增强了植株对氮素的需求，最终促进了植株对土壤氮素的吸收。

# 第8章 不同灌溉处理对土壤—植物系统中碳固定的影响

## 8.1 概述

大气中 $CO_2$ 浓度升高对全球变暖的影响促进了碳固定的研究。通过农业管理措施来增加农田系统中的碳固定已经成为减少向大气中排放 $CO_2$ 的一项重要措施。土地恢复、保护性耕作、长期施用有机肥和轮作等田间管理措施在提高土壤固碳方面具有巨大潜力。除此之外，灌溉作为维持作物产量的农业管理措施，也会影响土壤-作物系统中的碳固定。

大量研究已经表明，PRI 可以在减少灌水的情况下提高作物的 WUE。PRI 造成的土壤干湿交替过程可能通过土壤中碳和氮的"Birch 效应"影响碳固定。对马铃薯和番茄的研究表明，PRI 可以改善作物的氮素营养，这可能是由于 PRI 加速了土壤有机氮的矿化，提高了土壤无机氮的吸收利用。

干湿交替循环会造成土壤中碳和氮的"Birch 效应"，并增强土壤呼吸速率。因此，我们假设 PRI 可能会增加土壤中的碳损失。另外，由于 PRI 可以增强作物氮素营养，提高水分利用效率，增加作物生物量，进而增加植株的碳固定，这可以补偿土壤碳的损失。为了研究这一问题，需要对不同灌溉处理下土壤—植株系统中的碳平衡进行研究。因此，本章研究的目的是比较 PRI 与 DI、FI 对土壤—植株系统中碳固定的影响。

## 8.2 研究方法

### 8.2.1 试验设置

本章研究包括两个试验，分别为试验 Ⅰ 和 Ⅱ。两个试验都是在哥本哈根大学生命科学学院试验农场的温室中进行。将番茄（品种 Cedrico）幼苗移入体

84

积为 10 L 的盆钵中（直径 17 cm，深 50 cm）。用塑料板将盆钵均匀地分成两个垂直根区，防止两个根区的水分交换（图 8-1）。盆钵中装 14.0 kg 土壤，容重为 1.36 g·cm⁻³。装盆前，土壤过 2 mm 筛。土壤质地为砂壤土，pH 值为 6.7，试验 I 中土壤的全碳为 14.2 g·kg⁻¹，全氮为 1.6 g·kg⁻¹。试验 II 中土壤的全碳为 12.9 g·kg⁻¹，全氮为 1.4 g·kg⁻¹。土壤持水量和永久萎蔫点对应的体积含水量分别为 30.0% 和 5.0%。在装盆前，试验 I 土壤与 2.0 g N（NH₄NO₃）充分均匀混合。试验 II 土壤与 1.6 g N（NH₄NO₃）和 25.0 g 玉米秸秆（研磨至粒径＜1.5 mm）混合，玉米秸秆全氮为 16.8 g·kg⁻¹，全碳为 391.5 g·kg⁻¹。在两个试验中，每个盆钵还分别施用 0.87 g P 和 1.66 g K，以满足植株生长所需的养分。

土壤剖面中土壤含水量使用 TDR 监测，探针长度 33 cm，安装在每个根区的中间。自动控制温室中的气候参数设置为：昼 / 夜温度（20/17±2）℃，光周期 16 h，光合有效辐射＞ 500 μmol·m⁻²·s⁻¹。

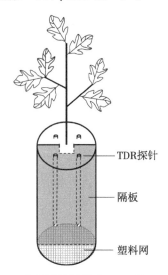

图 8-1　分根试验示意（Wang 等，2010c）

## 8.2.2　灌溉处理

移栽两周后，对植株进行 3 种灌溉处理，分别为：①充分灌溉（FI），土壤含水量灌水至 30%，以补偿前 1 d 的蒸散水分损失；②局部根区灌溉（PRI），湿润根区土壤含水量灌水至 30%，干燥根区土壤含水量降至 7%～13%，然后在两个根区之间进行交替灌溉；③亏缺灌溉（DI），均匀地将与 PRI 相同的水量灌溉到 DI 处理的两个根区。试验为完全随机设计，每个处理 12 次重复。

蒸发蒸腾量（$ET$）是根据每日 TDR 土壤水分测量值计算得出。对于 FI 植株，第 $i$ 天的 $ET$ 计算公式如下：

$$ET_i=5.0 \times \left[(30.0\%-\theta_{N,i})+(30.0\%-\theta_{S,i})\right] \tag{8-1}$$

对于 PRI 植株，第 $i$ 天的 $ET$ 计算公式如下：

$$ET_i=5.0 \times \left[(30.0\%-\theta_{N,i})+(\theta_{S,i}-\theta_{S,i+1})\right] \tag{8-2}$$

灌溉 N（北部）土壤根区时；或灌溉 S（南部）土壤根区时：

$$ET_i=5.0 \times \left[(30.0\%-\theta_{S,i})+(\theta_{N,i}-\theta_{N,i+1})\right] \tag{8-3}$$

对于 DI 植株，第 $i$ 天的 $ET$ 计算公式为：

$$ET_i=5.0 \times \left[(\theta_{N,i}-\theta_{N,i+1})+(\theta_{S,i}-\theta_{S,i+1})\right]+I_{PRI} \tag{8-4}$$

$$I_{PRI}=5.0 \times (30.0\%-\theta_{N,i}) \text{ 或 } 5.0 \times (30.0\%-\theta_{S,i})$$

式中，5.0 是土壤根区的体积（L），$\theta_i$ 是灌溉前的第 $i$ 天土壤根区的土壤含水量（%）。$N$ 和 $S$ 分别表示盆钵的北部和南部土壤根区。$I_{PRI}$ 是 $PRI$ 处理的灌溉量。处理期间的植株耗水量为每日 $ET$ 的总和。灌溉处理在试验Ⅰ中持续 29 d，在试验Ⅱ中持续 27 d，在此期间 $PRI$ 处理的植株每个根区经历了 3 个土壤干湿交替循环（图 8-2）。

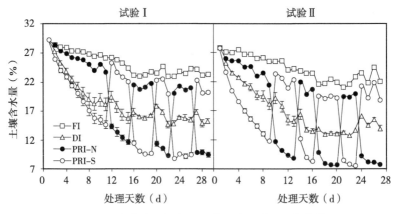

图 8-2　试验Ⅰ和Ⅱ中不同灌溉处理对日平均土壤含水量变化的影响（Wang 等，2010c）

### 8.2.3　测定与样品分析

试验Ⅰ在灌溉处理开始后的 0 d、15 d、22 d 和 29 d 采集样品。试验Ⅱ

在灌溉处理开始后的 0 d、13 d、20 d 和 27 d 收获样品，每次采样 4 次重复。叶面积用叶面积仪（Li-Cor，Inc.，Lincoln，NE，USA）测量。植株样品在 70℃烘箱中烘干至恒重后，测定干重。用 Li-6200 红外 $CO_2$ 分析仪（Li-Cor，Inc.，Lincoln，NE，USA）测定土壤呼吸速率。植株样品用球磨仪粉碎后，用同位素质谱仪（Europa Sercon Ltd.，Crewe，UK）测定植株和土壤样品中的总氮和总碳。比叶氮和比叶碳含量为每平方厘米叶片的氮含量和碳含量。

### 8.2.4　统计分析

使用 SAS 9.1（SAS Institute，Inc.，2004）对数据进行单因素方差分析（ANOVA）。采用邓肯多重比较法评估 5% 显著水平上的各个处理间的差异。采用回归分析方法确定测量参数之间的关系。

## 8.3　植株生物量

在试验 I 处理期间，植株干重在 FI 处理最高，PRI 居中，DI 最低（图 8-3）。在试验 II 中，在 20 d 以前，各处理的植株干重相似，在试验结束后，FI 处理的干重显著高于 DI 和 PRI 处理。

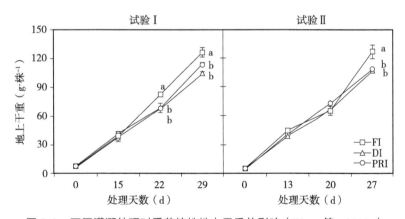

图 8-3　不同灌溉处理对番茄植株地上干重的影响（Wang 等，2010c）

## 8.4　植株和土壤碳浓度

在两个试验中，PRI 处理植株的总碳浓度始终高于 FI 和 DI 处理（图 8-4）。

土壤总碳浓度呈现出不同的变化规律。在试验Ⅰ的 0 d 和 15 d 以及试验Ⅱ的 0 d 和 13 d，所有处理的土壤总碳浓度均显著下降。此后，DI 处理的土壤总碳浓度有所增加，并且在试验结束时略高于 FI 和 PRI 处理（图 8-4）。比叶碳含量和比叶氮含量之间具有显著的正相关关系（图 8-5）。

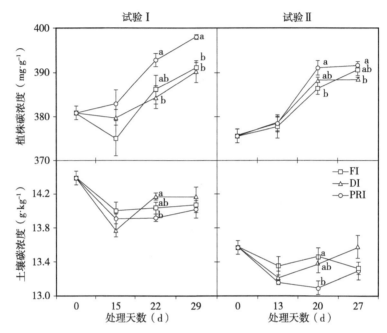

图 8-4　不同灌溉处理对植株和土壤碳浓度变化的影响（Wang 等，2010c）

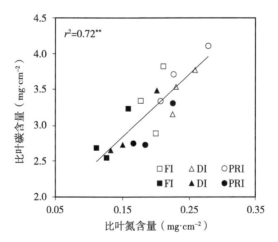

图 8-5　不同灌溉处理下番茄植株比叶碳含量和
比叶氮含量的关系（Wang 等，2010c）

## 8.5　植株和土壤碳量

在试验Ⅰ的 22 d 和 29 d，FI 和 PRI 处理的植株总碳量显著高于 DI 处理（图 8-6）。在试验Ⅱ的 20 d 以前，各处理的植株总碳量相似，然而在 27 d 时，FI 处理的植株总碳量明显高于 DI 和 PRI 处理。各处理的土壤总碳量分别在试验Ⅰ的 15 d 和试验Ⅱ的 13 d 显著降低，此后，FI 和 PRI 处理的土壤总碳量保持不变（图 8-6）。DI 处理的土壤总碳量从试验Ⅰ的 15 d 和试验Ⅱ的 13 d 开始显著增加，并且在试验结束时高于 FI 和 PRI 处理。在试验Ⅰ处理期间，土壤—植物系统中的碳保留以 FI 最高，PRI 居中，DI 最低（图 8-6）。在试验Ⅱ中，FI 处理在土壤—植物系统中的碳保留略高于 DI 和 PRI 处理。

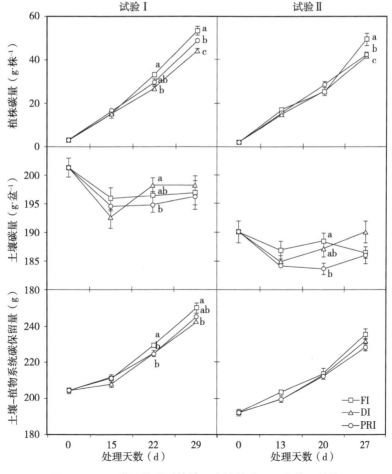

图 8-6　不同灌溉处理对植株、土壤总碳量及土壤—植物
系统中碳保留的影响（Wang 等，2010c）

## 8.6 本章讨论与结论

灌溉可以通过多种方式影响碳平衡。光合作用固定在植物体内的 $CO_2$ 可以在植物秸秆返回土壤后转化为土壤有机质，以有机碳的形式储存在土壤中。根据增加的植物碳投入，灌溉造成的碳固定量估计为 $50 \sim 150$ kg·ha$^{-1}$·a$^{-1}$（Lal 等，1998）。然而，灌溉也可能通过促进土壤微生物活动和有机质分解直接降低土壤有机碳储量。因此，必须根据植物生物量中的碳保留量和土壤碳储存量来研究不同灌溉处理对土壤净碳固定的影响。

### 8.6.1 不同灌溉处理对植株碳保留的影响

通过增加植物生物量或者提高生物量中的碳浓度，可以将更多的碳保留在植物中。在本章研究中，PRI 和 DI 处理节省了约 25% 的灌溉水，而灌溉用水更多的 FI 处理产生的植株生物量显著大于 PRI 和 DI 处理（图 8-3），因此 FI 处理植株的碳保留量也最高（图 8-6）。对 PRI 处理，特别是在试验 I 中，与 DI 处理相比，略高的干重和显著提高的碳浓度使 PRI 处理植株中碳保留量高于 DI 处理。与 DI 处理相比，PRI 处理的植株生物量增加的主要原因是 PRI 处理的植株水分利用效率更高（Wang 等，2010a）。PRI 处理的植株碳浓度显著高于 DI 处理，这可能是由于两个处理的植株对碳的利用能力不同，因而影响了植株中的碳浓度。

作物氮素营养在调节碳代谢中起着重要作用，因为氮是参与植物碳水化合物运输、代谢和利用的相关酶的重要组成部分。在本章研究中，植株的比叶碳含量和比叶氮含量之间具有显著的线性关系，这表明 PRI 处理植株中较高的叶片氮含量有利于提高碳的固定、运输和代谢。此外，试验 I 植株叶片氮含量比试验 II 高，使植株生物量中的碳浓度更高（图 8-4，图 8-5）。不同灌溉处理下，土壤氮素有效性可能对碳平衡产生影响。

### 8.6.2 不同灌溉处理对土壤碳储存的影响

土壤中碳的状态是由多种因素决定的。其中，土壤微生物调控的碳矿化和固定过程在决定土壤碳动态中起着决定性作用。土壤微生物通过呼吸将 $CO_2$ 从土壤释放到大气中是土壤碳流失的主要途径（Parkin 和 Kaspar，2003；

Casals 等，2009）。许多研究表明，土壤微生物活性在很大程度上取决于土壤水分状况。当土壤水势较低时，土壤微生物活性显著降低。除此之外，土壤的干湿交替过程会提高土壤微生物活性和呼吸速率，从而增加土壤中的碳损失。本章研究结果表明，FI 处理的土壤微生物呼吸速率最高。在 PRI 处理中，再湿润干燥土壤会导致微生物呼吸速率大幅增加，且明显大于 DI 处理。因此，与 DI 处理相比，在 FI 处理下，增强的土壤微生物呼吸以及 PRI 处理中干湿交替循环引起的"Birch 效应"可导致土壤中更多的碳损失。在两个试验中，土壤总碳浓度和总碳量在 DI 中最高、FI 次之、PRI 最低（图 8-4，图 8-6）。FI 处理较好的土壤水分状况提高了土壤微生物活性，因此，土壤微生物呼吸速率也高。然而，FI 处理的高水分含量也可以稳定土壤中的碳。Gillabel 等（2007）研究表明，灌溉系统下的碳储量比旱地种植条件下高25%，他们推测灌溉增加了土壤微生物的活性，从而导致微团聚体固定了更多的碳。对于 DI 处理，与 PRI 相同的灌溉水量均匀地灌溉到 DI 的两个根区土壤的表层。对于 DI 处理，土壤剖面中深层土壤可能一直是比较干燥的，不利于根系生长，造成来自根部的土壤有机碳增加。因此，在试验 I 的 15 d 和试验 II 的 13 d 之后，土壤总碳浓度和量都显著增加，并且在试验结束时与 FI 和 PRI 的土壤相比最高（图 8-4，图 8-6）。

本章研究结果表明，与 FI 处理相比，PRI 和 DI 处理都可能降低土壤植物系统中碳保留量，而在低有机氮施入情况下，这种降低作用不明显。与 FI 和 DI 处理相比，PRI 处理导致植株生物量中的碳浓度显著升高，这可能会改善作物的品质（Zegbe 等，2004，2006）。我们建议进行更多的研究，以进一步阐明不同灌溉策略对田间条件下土壤—植物系统碳保留的影响。

# 第9章　亏缺和局部根区灌溉
# 对番茄植株磷吸收的影响

## 9.1　概述

磷是影响植株生长发育的重要营养元素之一。土壤中磷的浓度虽然很高，但由于易被土壤矿物质固定，因此，土壤中磷的有效性普遍较低，往往成为限制作物生产力的主要因素之一。研究已表明，灌溉措施可以影响土壤中有机磷的转化，频繁灌水并维持相对高的土壤含水量可以提高土壤磷的有效性。土壤的干湿交替过程可以显著影响土壤磷转化及其有效性。干燥土壤再湿润后，土壤微生物量磷和土壤有效磷均增加。其他一些研究也指出，较长时间的土壤干旱限制土壤酶活性、抑制微生物分解土壤有机磷，而频繁灌溉可以促进土壤有机磷矿化、提高土壤磷的有效性。

局部根区灌溉（PRI）与亏缺灌溉（DI）相比造成了更剧烈的土壤水分变化和干湿交替循环。这可能对土壤养分的有效性和土壤剖面中养分的迁移产生显著影响。我们的研究已经表明，PRI处理的干湿交替过程可以提高土壤微生物活性和微生物底物浓度有效性，从而促进土壤有机氮的矿化，提高土壤氮的生物有效性（Wang等，2010b）。PRI除了促进土壤有机氮的矿化，干湿交替过程有助于促进矿物离子（如硝酸盐）通过质流从土壤迁移到根系表面，从而提高根系对养分的吸收。

与硝酸盐不同，植株对磷的吸收主要取决于土壤中磷的分布及根对磷的截留。吸磷高的作物品种往往有较大的根表面积或根密度。研究表明，PRI可以促进根系生长，因此，有助于提高植株对磷素的吸收。PRI处理下的干湿交替过程也有助于磷素向根系表面扩散，进而促进磷素吸收。除此之外，PRI处理的干湿交替可以改变土壤磷素的矿化、转化以及生物有效性（Wang和Zhang，2010d，2012b,c）。

本章研究假设，与DI处理相比，PRI可以增强土壤磷素有效性，提高磷素吸收和磷素利用效率，这也是本章的研究目的。

## 9.2 研究方法

### 9.2.1 试验条件

试验于 2010 年 8—10 月在哥本哈根大学试验农场的温室中进行。供试土壤为砂壤土，pH 值为 6.7，全碳含量为 10.3 g·kg$^{-1}$，全氮含量为 1.0 g·kg$^{-1}$，有效氮为 5.4 mg·kg$^{-1}$，有效磷为 33.0 mg·kg$^{-1}$，土壤持水量和永久萎蔫点分别为 30.0% 和 5.0%。盆钵体积为 10 L（直径 17 cm，深 50 cm），用隔板把盆钵平均分成两个垂直的根区，防止两个根区的水分交换。土壤过 2 mm 筛，每盆装 14 kg 自然风干的过筛后土壤，土壤容重为 1.3 g·cm$^{-3}$。盆钵底部是 1.5 mm 的网，可以自由排水。在试验期间，无灌溉水渗漏现象。

番茄品种为 Cedrico，番茄苗长到 5 叶时移栽。在装盆前，土壤与 4.0 g·盆$^{-1}$ 无机氮（硝酸铵）或与 4.0 g·盆$^{-1}$ 有机氮（玉米秸秆粉末，粒径 < 1.5 mm，全氮含量为 28.8 g·kg$^{-1}$，全磷含量为 4.6 g·kg$^{-1}$，全碳含量为 411.4 g·kg$^{-1}$）混匀。每盆还施入 0.87 g·盆$^{-1}$ 磷和 1.66 g·盆$^{-1}$ 钾。

采用 TDR（MINITRASE, Soil Moisture Equipment Corp., Santa Barbara, CA, USA）和安装在每个根区中间的 33 cm 探针监控土壤含水量。昼夜温度控制在（20/17 ± 2）℃，每天 16 h 的 PAR > 500 μmol·m$^{-2}$·s$^{-1}$ 的光照。

### 9.2.2 灌溉处理

番茄苗移栽 10 d 后，植株进行 PRI 处理，即一半根系的土壤含水量灌溉至 29%（95% 的土壤持水量），而另一半根区土壤含水量达到 7% ~ 13% 之后在两个根区之间进行交替灌溉。亏缺灌溉（DI）是将与 PRI 处理等量的灌溉水均匀地灌溉于两个根区。试验采用完全随机设计，每个处理 6 次重复，共 24 盆。每天 16:00 浇水。每个处理试验期间的耗水量是根据灌溉量、TDR 测定的含水量和土壤体积计算。两种灌溉处理都持续了 34 d。试验处理期间，PRI 处理的每个根区经历了 3 个干湿交替循环。

### 9.2.3  采样、测定与样品分析

试验结束时（即灌溉处理开始后的第 34 天），收集植株样品以及每个根区的根际和非根际土壤样品。根际土壤是附着在根系上 5 mm 以内的土壤。

每个植株样品分为叶、茎和果实。在 70℃下烘至恒重后测定每个植株样品的干重（DM）。用球磨仪粉碎后，用同位素质谱仪（Europa Scientific Ltd., Crewe, UK）测定样品的全氮浓度。植株磷素浓度测定采用干灰化法，即在 500℃下高温加热 5 h，用酸溶液溶解后采用连续流动分析仪测定（Autoanalyzer3, Bran+Luebbe GmbH, Norderstedt, Germany）。磷素生理利用效率是用地上部的 DM 除以吸磷量计算。磷素农学利用效率是用地上部 DM 和添加的磷肥量计算。植株水平的水分利用效率是用植株地上部干重除以耗水量计算。

提取土壤的水溶性磷素作为土壤有效磷。土壤样品和超纯水以 1∶10（W/V）的比例混合后，放在振荡仪上振荡 1 h。用 Whatman No.42 滤纸过滤提取液，然后用离子色谱仪（Metrohm AG, Herisau, Switzerland）测定磷素浓度。离子色谱分析中采用 Metrosep A Supp 4 分析柱（4 mm × 250 mm），以 3.2 mM $Na_2CO_3$ 和 1.0 mM $NaHCO_3$ 作为洗脱液。

### 9.2.4  数据分析

采用独立 $t$ 检验评估处理间在 $P \leqslant 0.05$ 水平上的差异显著性。

## 9.3  植株耗水量、干重和水分利用效率

DI 和 PRI 处理的植株耗水量相近（表 9-1）。在无机氮肥处理下，PRI 植株的 DM 和 WUE 显著高于 DI 处理。在有机氮肥处理下，PRI 处理的 DM 和 WUE 分别比 DI 增加 7.1% 和 5.1%，但差异未达到显著水平（Wang 等，2012b）。

表 9-1　无机氮和有机氮处理下 DI 和 PRI 对番茄植株耗水量、<br>干重和水分利用效率的影响（Wang 等，2012b）

| 处理 | 耗水量（L·株$^{-1}$） | 地上干重（g·株$^{-1}$） | 水分利用效率（g·L$^{-1}$） |
|---|---|---|---|
| 无机氮 | | | |
| DI | 27.6 ± 0.1a | 117.3 ± 1.5b | 4.3 ± 0.1b |
| PRI | 27.8 ± 0.3a | 123.1 ± 1.0a | 4.4 ± 0.0a |
| 有机氮 | | | |
| DI | 18.7 ± 0.1a | 72.2 ± 4.3a | 3.9 ± 0.2a |
| PRI | 18.8 ± 0.4a | 77.3 ± 1.1a | 4.1 ± 0.0a |

注：同一列数据后不同字母表示不同处理间差异显著（$P<0.05$）。余同。

## 9.4　不同器官干重、磷素浓度、磷吸收量和磷素利用效率

　　灌溉处理对干物质分配和磷素吸收无显著影响。PRI 和 DI 处理的各个器官的干重及其磷素浓度无显著差异（表 9-2）。在无机氮处理下，PRI 和 DI 处理植株的吸磷量相近，而在有机氮处理下，PRI 处理植株的吸磷量显著高于DI（表 9-3）。

　　在无机氮处理下，PRI 处理的磷素生理利用效率和磷素农学利用效率比DI 处理显著增加，分别提高了 9.0% 和 4.9%，而在有机氮供应下，磷素的利用效率不受灌溉处理的影响（Wang 等，2012b）。

表 9-2　无机氮和有机氮处理下 DI 和 PRI 对番茄不同器官干重和<br>磷浓度的影响（Wang 等，2012b）

| 处理 | 干重（g·株$^{-1}$） | | | 磷浓度（mg·g$^{-1}$） | | |
|---|---|---|---|---|---|---|
| | 叶 | 茎 | 果实 | 叶 | 茎 | 果实 |
| 无机氮 | | | | | | |
| DI | 66.5 ± 1.3 | 26.8 ± 0.4 | 24.6 ± 1.8 | 2.5 ± 0.0 | 3.0 ± 0.0 | 2.1 ± 0.1 |
| PRI | 68.8 ± 1.8 | 26.9 ± 0.3 | 28.0 ± 1.9 | 2.2 ± 0.0 | 2.8 ± 0.1 | 2.1 ± 0.2 |
| 有机氮 | | | | | | |
| DI | 40.6 ± 2.8 | 19.6 ± 1.2 | 12.7 ± 1.7 | 2.9 ± 0.2 | 4.2 ± 0.2 | 2.9 ± 0.2 |
| PRI | 42.4 ± 2.1 | 20.7 ± 0.5 | 14.8 ± 1.2 | 2.8 ± 0.1 | 4.1 ± 0.0 | 2.8 ± 0.1 |

表 9-3 无机氮和有机氮处理下 DI 和 PRI 对番茄植株吸磷量、
磷素生理利用效率和磷素农学利用效率的影响（Wang 等，2012b）

| 处理 | 吸磷量<br>（mg·株$^{-1}$） | 磷素生理利用效率<br>（g DM·g$^{-1}$ 吸磷量） | 磷素农学利用效率<br>（g DM·g$^{-1}$ 施磷量） |
|---|---|---|---|
| 无机氮 | | | |
| DI | 297.4 ± 3.2a | 396.9 ± 6.1b | 136.2 ± 1.7b |
| PRI | 286.0 ± 6.0a | 432.6 ± 9.6a | 142.9 ± 1.0a |
| 有机氮 | | | |
| DI | 227.9 ± 4.6b | 318.9 ± 15.7a | 114.5 ± 6.8a |
| PRI | 246.8 ± 6.6a | 316.5 ± 4.6a | 122.5 ± 1.8a |

## 9.5 土壤有效磷浓度

在无机氮供应下，对于 PRI 处理，根际和非根际土壤的有效磷浓度都显著高于 DI 处理（图 9-1）。在有机氮处理下，PRI 处理的根际和非根际土壤的有效磷浓度也显著高于 DI 处理。

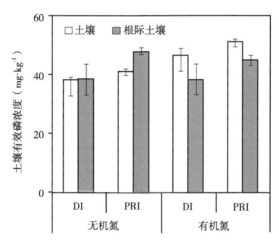

图 9-1 无机氮和有机氮处理下 DI 和 PRI
对根际和非根际土壤磷素有效性的影响（Wang 等，2012b）

## 9.6　本章讨论与结论

PRI 处理土壤剖面的干湿交替过程影响着土壤磷的生物有效性、植株对磷素的吸收和利用效率（Wang 和 Zhang，2010d，2012b，c）。已有研究表明，土壤的干湿交替循环可以促进土壤有机质分解，从而提高土壤磷素的有效性和磷素利用效率。对于 PRI 处理，干湿交替过程增强了土壤微生物活性，土壤有机磷经过土壤微生物分解后，有利于作物对磷的吸收利用，因此，PRI 处理根际和非根际土壤的有效磷浓度显著高于 DI 处理（图 9-1）。与此同时，干湿交替可能对土壤磷素的矿化有相反的作用，这是由于土壤团聚体的分解会暴露出更多的磷吸附位点，使更多的无机磷被吸附在这些吸附位点上，导致磷素的生物有效性降低。在无机氮肥和有机氮肥供应下，PRI 处理和 DI 处理对磷素吸收的影响不同。在无机氮肥供应下，DI 处理和 PRI 处理的磷吸收量相似；而在有机氮肥供应下，PRI 处理的磷素积累量显著增高（表 9-3）。本章研究结果也表明，施用的氮肥形式既影响植株对氮素的吸收，也会影响植株的吸磷量。

植物体内的氮磷比可以用于评估氮素和磷素哪一个元素更限制作物生长，也可以反映土壤氮素和磷素的相对生物有效性。在本章研究中，无机氮和有机氮肥处理下植株生物量的氮磷比分别为 10：1 和 3：1。无机氮肥下较高的氮磷比表明了更高的磷需求或磷亏缺；而有机氮下较低的氮磷比则表明了较低的氮素有效性。在无机氮肥供应下，与 DI 处理相比，PRI 处理显著提高了生理和农艺磷素利用效率，而在有机氮肥供应下，两种处理的生理和农艺磷利用效率相近（表 9-3）。

PRI 处理土壤的有效性磷浓度高于 DI 处理。PRI 干燥根区可以加强离子的氧化过程，如 $Fe^{2+}$ 氧化为 $Fe^{3+}$，从而与磷结合成不溶性化合物（如铁、铝和钙磷酸盐），这也会导致干燥根区的磷素有效性降低。

PRI 处理影响土壤磷素的转化过程，土壤水分在空间和时间上的不均匀分布也会影响磷素从土壤向根系表面的扩散。研究结果表明，尽管 PRI 处理和 DI 处理的植株根系生物量相似（Wang 等，2012a），但当湿润根区土壤水分保持在较高水平时，PRI 处理植株的木质部磷酸盐等离子浓度高于 DI 植株，这表明，PRI 处理提高了根系对养分的吸收（Wang 等，2012a）。然而，当 PRI 处理在交替灌溉前，并且湿润根区和干燥根区土壤含水量均较低时，根系对包括磷酸盐在内的营养元素的吸收降低（Wang 等，2012a）。因此，对 PRI 处理，在湿润根区保持较高的土壤含水量对于土壤养分从土壤向根系表面的运输至关重要，可以促进养分吸收。在以后的研究中，可以使用同位素技术追踪 $^{32}P$ 在不同土壤磷库中的迁移和转化以及作物对磷素的吸收，这将有助于进一步了解 PRI 灌溉在作物生产过程中提高水分利用效率和磷素利用效率的机制。

# 第 10 章　局部根区灌溉下氮素形态
对番茄生长、果实产量及品质的影响

## 10.1　概述

伴随世界范围内水资源的日益紧缺与农业灌溉用水利用效率较低的矛盾不断激化，作物产量和水分利用效率的同步提高已成为当今节水农业所追求的一个主要目标。研究表明，由于交替根区灌溉能够控制植物的营养生长，显著降低蒸腾从而达到不牺牲光合产物积累和产量而大幅度提高作物水分利用效率的目的，因而具有较大的优势。在农业生产上，灌溉的同时往往追施氮肥。氮素是作物生长发育所必需的营养元素，能够显著影响作物的生长。不同的氮素形态对植物生长发育和抗旱性有不同的影响。在交替根区灌溉方式下，如何合理施肥和设置灌溉下限，从而提高资源利用效率和作物产量成为水肥耦合研究的热点。因此，本章研究内容采用水肥需求量较大的番茄作为研究材料，研究交替根区灌溉方式下氮形态对番茄生长、产量及品质的影响，以期探索番茄高产、优质、高效的水氮组合，为交替根区灌溉下水肥高效利用提供理论依据和指导。

## 10.2　研究方法

### 10.2.1　试验材料与方法

试验于 2012 年在安徽省淮北市杜集区滂汪无公害蔬菜基地设施大棚内进行。试验采用盆栽的方式，选用口径 30 cm、高 27 cm 的白色塑料花盆。用塑料薄膜在花盆正中间隔开形成大小一致的两个区室，每个区室装入 4.89 kg 的风干土壤，即每盆装风干土壤 9.78 kg。土壤取自淮北市郊一无公害蔬菜基地，土壤中铵态氮 6.80 mg·kg$^{-1}$、硝态氮 18.37 mg·kg$^{-1}$、全氮 417.89 mg·kg$^{-1}$、全磷 521.36 mg·kg$^{-1}$、全钾 376.21 mg·kg$^{-1}$、容重 1.35 g·cm$^{-3}$、有机质 14.14 g·kg$^{-1}$、田间持水量 21.94%。

在装盆前向土壤中加入养分，养分以化学试剂（分析纯）的形式加入。养分的加入量如下（mg·kg$^{-1}$）：$KH_2PO_4$ 987.75、$MgSO_4·7H_2O$ 770.85、$CaCl_2$ 252.675、$ZnSO_4·7H_2O$ 33.18、$MnSO_4·H_2O$ 22.5、$CuSO_4·5H_2O$ 29.25、$FeSO_4·7H_2O$ 37.23、$H_3BO_3$ 1.575。氮肥以含氮量 300 mg·kg$^{-1}$ 加入，分别以 $Ca(NO_3)_2·4H_2O$ 或 $(NH_4)_2SO_4$ 形式添加，形成硝态氮肥和铵态氮肥两个氮形态处理。向铵态氮处理的土壤中加入 1.44 g·kg$^{-1}$ $CaCl_2$ 以平衡钙离子。

试验供试番茄品种为中研 988。番茄经穴盘育苗 32 d 后，于 2 月 18 日选取长势均匀一致的幼苗定植在盆中央，并使根系均匀分布于两侧根室。定植后缓苗期间进行常规水分管理，定植 26 d 后（3 月 14 日）在两种氮形态施肥处理的基础上，设置正常灌溉和两种土壤水分控制下限的交替灌溉处理。其中正常灌溉是指在两侧根室同时均匀灌溉，当土壤含水量达到田间持水量（$\theta_f$）的 60% 时进行灌溉，灌至 90% $\theta_f$；交替根区灌溉是两侧根室分别进行干燥和灌水，并且一定时间后干燥侧与灌溉侧交替。本试验对干燥侧进行控制，设置两种灌溉下限：60% $\theta_f$、40% $\theta_f$，即当干燥侧的土壤水分达到下限时即进行交替，对干燥侧进行灌溉，灌溉至 90% $\theta_f$，而原先灌溉侧使其干燥。试验共计 6 个处理（表 10-1），每个处理 18 盆重复，共 108 盆。土壤含水量用水势仪（SWP-100 型，南京）埋入土壤监测。番茄生长期间动态测定叶片水势、丙二醛含量、叶绿素含量、形态指标（株高、叶面积和茎粗）、光合指标（光合速率、蒸腾速率和气孔导度）、产量等指标。动态测定时期包括：①前期。2 月 18 日至 4 月 21 日（包括苗期—开花坐果期）。②中期。4 月 22 日至 5 月 25 日（包括开花坐果期—果实膨大期）。③后期。5 月 26 日至 7 月 3 日（果实膨大期—果实成熟期）。在试验过程中分 3 个时期（4 月 21 日、5 月 25 日、7 月 3 日）对番茄进行收苗，每次采样时各处理随机测定 6 个重复。在后期进行果实品质指标测定（张强等，2014）。

表 10-1　试验设计

| 处理 | 水氮供应方法 |
| --- | --- |
| CKX | 土壤供应硝态氮、两侧正常灌溉 |
| $X_{60}$ | 土壤供应硝态氮、干燥侧水分下限达到 $60\%\theta_f$ 时对该侧根室进行灌溉 |
| $X_{40}$ | 土壤供应硝态氮、干燥侧水分下限达到 $40\%\theta_f$ 时对该侧根室进行灌溉 |
| CKA | 土壤供应铵态氮、两侧正常灌溉 |
| $A_{60}$ | 土壤供应铵态氮、干燥侧水分下限达到 $60\%\theta_f$ 时对该侧根室进行灌溉 |
| $A_{40}$ | 土壤供应铵态氮、干燥侧水分下限达到 $40\%\theta_f$ 时对该侧根室进行灌溉 |

## 10.2.2　测定项目及方法

①株高。用卷尺测量茎基部到苗顶的长度。②茎粗。离地面 1 cm 处用数显游标卡尺测量，精度 0.01 mm。③叶面积。收苗前从植株的上、中、下不同部位选取若干叶片用 EPSON 扫描仪（Epson Perfection V700，Epson，日本）扫描，并用 Win FOLIA REG 标准版叶面积分析软件（Regent Instruments，Inc.，Quebec，加拿大）计算叶面积，之后烘干称量，得出叶面积与干质量的比例，收苗时测其全部叶片质量，并依此求出整株叶面积。

叶片光合指标的测定：随机选取新完全充分展开的叶片，用 Li-6400 光合仪（Li-cor，美国）在晴天 9:00—11:00 测定光合速率等光合指标。每个叶片等待读数稳定之后读取 4～6 个数据，取其平均数代表该叶片光合参数，包括净光合速率（$P_n$）、气孔导度（$g_s$）、蒸腾速率（$T_r$）等指标。

叶片生理指标的测定：选择植株完全展开的新成熟叶片测定生理指标。叶绿素（Chl）含量直接用便携式叶绿素测定仪（SPAD，日本）测定，叶片水势（$\psi_{Leaf}$）用压力室仪（SEC-3005，美国）测定，丙二醛（MDA）含量采用硫代巴比妥酸法（冯绪猛等，2003）测定。

果实品质的测定：果实品质的测定仅对后期成熟的果实进行。果实取样时摘取成熟度一致的果实，品质测定指标包括果实硬度、可溶性总糖、有机酸、维生素 C 含量和硝酸盐含量。其中，果实硬度使用手持硬度计（GY-2 水果硬度计，西安）直接测定，可溶性总糖使用手持糖量计（TD-45，日本）直接测定，有机酸采用碱滴定法（马莉等，2006）测定，维生素 C 含量采用 2,6- 二氯酚靛酚滴定法测定，硝酸盐含量采用水杨酸-硫酸比色法测定（李合生，2000）。

### 10.2.3 数据处理

所用数据均为 6 次重复测定的平均值。采用单因素方差分析法（One-way ANOVA）比较同一指标在不同处理间的差异显著性。采用 SPSS 20.0 软件对数据进行统计分析，采用 SigmaPlot 12.5 软件作图。文中数据用平均值 ± 标准误表示，$P < 0.05$ 表示差异显著。

## 10.3 叶水势

由图 10-1 可见，在同一种灌溉处理下，前期铵态氮处理的番茄植株 $\psi_{Leaf}$ 高于硝态氮处理；但随着番茄生长过程的进行，在中期和后期，硝态氮处理的植株 $\psi_{Leaf}$ 超过铵态氮处理，且在中期以后，$\psi_{Leaf}$ 呈降低趋势。此外，灌溉方式也影响 $\psi_{Leaf}$，交替根区灌溉下 $\psi_{Leaf}$ 降低，且水分下限控制在 $40\%\theta_f$ 时下降幅度更大。

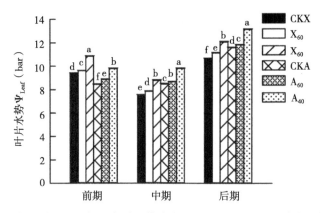

图 10-1 分根交替灌溉下氮形态对番茄叶片水势（$\psi_{Leaf}$）的影响（张强等，2014）

注：1 bar=0.1 MPa；不同小写字母表示处理间差异显著（$P < 0.05$）。

## 10.4 叶片丙二醛（MDA）和叶绿素含量

由图 10-2 可见，同一灌溉处理下，前期硝态氮供应的植株叶片 MDA 含量显著高于铵态氮处理；但是到中期时，铵态氮处理的植株 MDA 含量高于硝态氮处理；至生长后期，两种氮形态处理的 MDA 含量均降低，且基本相同。交替灌溉处理的植株叶片 MDA 含量均高于正常灌溉处理，并且随着灌溉下限的降低，植株叶片 MDA 含量显著升高。

硝态氮供应的番茄植株 Chl 含量随着生长过程呈先增加后降低的规律，而铵态氮供应的植株 Chl 含量在后期显著下降（图 10-2）。在同一灌溉处理下，前期铵态氮处理植株的 Chl 含量相对较高，但随着植株的生长，硝态氮处理植株的 Chl 含量逐渐超过铵态氮处理。正常灌溉下的 Chl 含量与水分下限控制在 $60\%\theta_f$ 的交替灌溉处理的 Chl 含量没有显著差异，但都显著高于水分下限控制在 $40\%\theta_f$ 的交替灌溉处理。

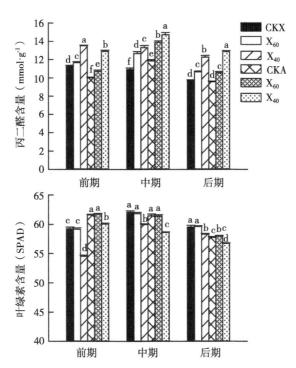

图 10-2　分根交替灌溉下氮形态对番茄叶片丙二醛（MDA）和
叶绿素（Chl）含量的影响（张强等，2014）

## 10.5　株高、茎粗和叶面积

由图 10-3 可见，番茄株高在前期—中期增长较快，而后增长有所减缓。灌溉处理和氮形态对番茄全生育期内的株高都会产生明显的影响。在番茄生长前期，同一灌溉处理下铵态氮供应的植株株高高于硝态氮处理，不同灌溉处理间只有水分下限控制在 40% $\theta_f$ 的交替灌溉处理的株高显著下降。但随着番茄的生长，在中期和后期，同一灌溉处理下硝态氮供应的植株株高都超过了铵态氮处理；交替根区灌溉显著降低了植株株高，在低水分下限下株高下降更明显。在植株生长后期，两个水分控制下限下，硝态氮处理株高分别下降 5.3%、14.4%，铵态氮处理分别下降 6.7%、15.5%。番茄叶面积的变化与株高对不同水氮处理的响应一致（图 10-3），只是在生长前期不同灌溉处理已经显著影响了叶面积，并且在后期两个交替灌溉下限下硝态氮处理的植株叶面积分别下降了 15.5%、43.6%，铵态氮处理分别下降了 12.9%、37.1%。这说明对灌溉处理叶面积比株高变化更敏感。

植株茎粗在前期的变化规律与株高表现一致（图 10-3），而在中期仅水分下限控制在 40% $\theta_f$ 的交替灌溉处理显著低于其他水分处理。在后期茎粗表现为水分下限控制在 60% $\theta_f$ 的交替灌溉处理有增粗的趋势，并在硝态氮供应下显著高于其他两个水分处理。在中期和后期硝态氮处理的植株茎粗都高于相应水分下的铵态氮处理，表明适当的水分控制可以促进植株的茎粗增长。

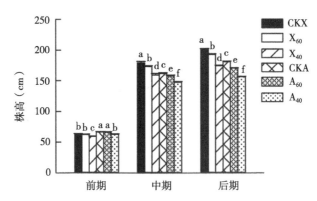

图 10-3　分根交替灌溉下氮形态对番茄叶片株高、
茎粗和叶面积的影响（张强等，2014）

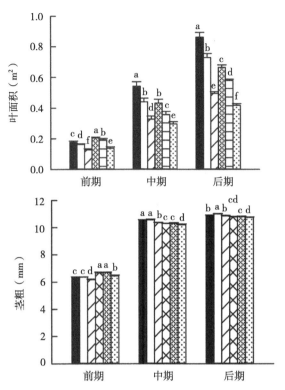

图 10-3　分根交替灌溉下氮形态对番茄叶片株高、
茎粗和叶面积的影响（张强等，2014）（续）

## 10.6　叶片光合作用

从图 10-4 可以看出，植株的 $P_n$ 在前期、中期较高，后期明显降低。同一灌溉处理下，在植株生长前期，铵态氮处理的植株 $P_n$ 超过硝态氮处理，至生长中期、后期，硝态氮处理的植株 $P_n$ 超过铵态氮处理。同一氮形态不同灌溉处理之间，正常灌溉与水分下限控制在 60% $\theta_f$ 的交替灌溉处理的番茄植株 $P_n$ 差异不显著，但两者都显著高于水分下限控制在 40% $\theta_f$ 的交替灌溉处理，说明当交替灌溉下限设置适当时不会影响 $P_n$，而设置过低时会导致 $P_n$ 显著下降。$T_r$ 对水氮耦合的响应与 $P_n$ 有类似的规律（图 10-4），但是在生长后期 $T_r$ 下降幅度小于 $P_n$。

在同一灌溉处理铵态氮供应下，前期植株 $g_s$ 高于硝态氮供应的植株（图 10-4），而在中期低于硝态氮供应的植株，且不同灌溉处理之间差异基本都达到显著水平。到后期，正常灌溉下铵态氮供应的植株 $g_s$ 显著低于硝态氮供应的植株，交替灌溉下 $g_s$ 在不同氮形态处理间差异不显著，而水分下限控制在 40% $\theta_f$ 时 $g_s$ 显著降低。

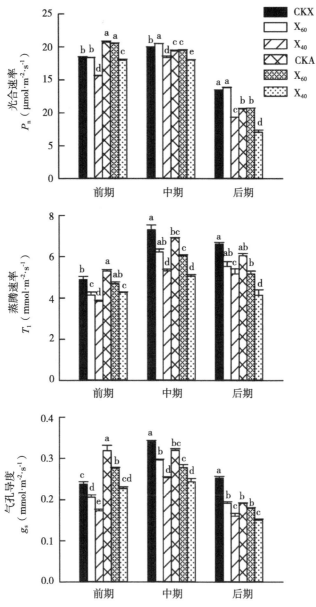

图 10-4　分根交替灌溉下氮形态对番茄叶片光合速率（$P_n$）、
蒸腾速率（$T_r$）和气孔导度（$g_s$）的影响（张强等，2014）

## 10.7　果实产量和品质

由于前期番茄处于营养生长阶段，没有果实，因此果实产量从中期开始比较。在中期，不同灌溉处理已显著影响果实产量，并随交替灌溉及其水分下限的降低产量显著下降，硝态氮供应下番茄产量高于相应铵态氮供应的植株（图 10-5）。后期的产量规律与中期相似，但是各处理产量大幅度提高。硝态氮供应下正常灌溉的植株产量最高，达到每株 3.77 kg，水分下限控制在 $60\% \ \theta_f$ 时达到每株 3.56 kg，仅下降了 5.4%，而控制下限在 $40\% \ \theta_f$ 时仅每株 2.78 kg，下降了 26.3%；铵态氮供应下，$60\% \ \theta_f$、$40\% \ \theta_f$ 控制下限下产量分别下降了 5.3%、22.4%。同一灌溉处理不同氮形态之间比较，CKX、$X_{60}$、$X_{40}$ 比 CKA、$A_{60}$、$A_{40}$ 分别高 19.5%、19.3%、15.4%，平均高 18.1%。由此可见，水分下限控制在 $60\% \ \theta_f$ 的交替灌溉处理能够大幅度节水，且对产量影响较小，而水分下限控制在 $40\% \ \theta_f$ 虽然能够节水，但是产量下降幅度较大。

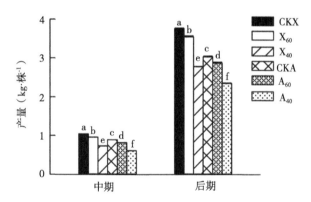

图 10-5　分根交替灌溉下氮形态对番茄产量的影响（张强等，2014）

同一灌溉处理下铵态氮供应的番茄植株果实硬度大于硝态氮供应的植株果实。对于硝态氮，植株果实硬度表现为 CKX < $X_{60}$ < $X_{40}$，而对于铵态氮，只有 $A_{40}$ 处理果实硬度显著增加。硝态氮处理的果实维生素 C 含量高于同一灌溉下铵态氮处理；交替灌溉下植株果实维生素 C 含量显著增加，且水分下限控制在 $40\% \ \theta_f$ 的维生素 C 含量最高（表 10-2），这表明灌水量的减少有利于果实中维生素 C 含量的提高。果实可溶性糖以水分下限控制在 $40\% \ \theta_f$ 的交

替灌溉处理最高，在该水分条件下氮形态处理间没有差异，正常灌溉降低了可溶性糖含量，且 $A_{60}$、CKA 分别高于 $X_{60}$、CKX。因此，交替灌溉也有利于果实中可溶性总糖含量的提高。果实有机酸含量随灌溉处理的变化正好与可溶性糖相反，在正常灌溉下两个氮形态处理都最高，并随交替灌溉及其下限的降低而降低；在交替灌溉下铵态氮供应的果实有机酸含量高于硝态氮供应的果实，说明交替灌溉可以显著降低果实中有机酸含量。果实的糖酸比在正常灌溉下低，且 CKX 低于 CKA。而交替灌溉及降低水分下限可显著提高糖酸比；在交替根区灌溉下硝态氮供应的植株果实糖酸比高于相应铵态氮供应的植株果实。果实硝酸盐含量均以硝态氮处理高于相应铵态氮处理，且随着交替灌溉及其水分下限的降低而增加，表明交替灌溉易于使果实中的硝酸盐含量提高，尤其是硝态氮供应的植株果实更容易积累硝酸盐。

表 10-2　分根交替灌溉下氮形态对番茄果实品质的影响（张强等，2014）

| 处理 | 硬度 （kg·cm$^{-2}$） | 维生素 C （mg·100 g$^{-1}$） | 可溶性 总糖（%） | 有机酸 （%） | 糖酸比 | 硝酸盐 （mg·kg$^{-1}$） |
|---|---|---|---|---|---|---|
| CKX | 5.82 ± 0.14d | 20.08 ± 0.65c | 5.15 ± 0.14d | 0.42 ± 0.02a | 12.19 ± 0.34f | 69.17 ± 3.97c |
| $X_{60}$ | 6.09 ± 0.16c | 23.36 ± 0.80b | 6.28 ± 0.19c | 0.32 ± 0.02c | 19.44 ± 0.82c | 77.56 ± 3.31b |
| $X_{40}$ | 6.72 ± 0.17b | 28.19 ± 1.05a | 7.28 ± 0.24a | 0.28 ± 0.02d | 26.32 ± 1.30a | 90.31 ± 2.54a |
| CKA | 6.86 ± 0.24b | 15.10 ± 0.69e | 6.12 ± 0.28c | 0.44 ± 0.02a | 13.77 ± 0.15e | 50.64 ± 4.10e |
| $A_{60}$ | 6.93 ± 0.17b | 17.45 ± 0.82d | 6.76 ± 0.30b | 0.37 ± 0.02b | 18.21 ± 0.26d | 58.01 ± 4.12d |
| $A_{40}$ | 7.51 ± 0.19a | 21.10 ± 1.18c | 7.52 ± 0.32a | 0.36 ± 0.02b | 20.95 ± 0.21b | 69.30 ± 4.02c |

注：同列不同小写字母表示处理间差异显著（$P < 0.05$）。

## 10.8　瞬时水分利用效率（IWUE）

从图 10-6 可以看出，番茄的 IWUE 在前期、中期较高，后期明显降低。同一灌溉处理下，在植株生长的前期和中期，铵态氮处理的植株 IWUE 超过硝态氮处理的植株，至生长后期，硝态氮处理的植株 IWUE 超过铵态氮处理的植株。同一氮素形态不同灌溉处理之间，前期水分下限控制在 60% $\theta_f$ 和 40% $\theta_f$ 的植株 IWUE 差异不显著，但两者都显著高于正常灌溉处理；中期水分下限控制在 40% $\theta_f$ 的植株 IWUE 显著高于水分下限控制在 60% $\theta_f$ 的处理，两者都显著高于正常灌溉处理；而后期水分下限控制在 60% $\theta_f$ 处理的植株 IWUE 显著高于水分下限控制在 40% $\theta_f$ 的处理，两者都显著高于正常灌溉处理。

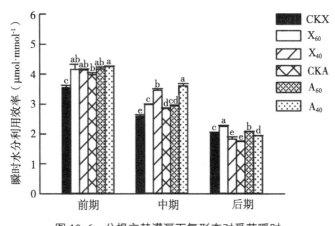

图 10-6　分根交替灌溉下氮形态对番茄瞬时
水分利用效率（IWUE）的影响（张强等，2014）

## 10.9　本章讨论与结论

### 10.9.1　分根交替灌溉对产量与品质的影响

本章研究发现，同一氮素形态下，交替灌溉各处理的产量尽管低于正常灌溉，但与灌水下限 40% $\theta_f$ 的交替灌溉相比，灌水下限 60% $\theta_f$ 的交替灌溉处理的产量降幅并不大，仅比正常灌溉下降了 5.3%～5.4%（图 10-5）。灌水下限 60% $\theta_f$ 的交替灌溉处理的产量降幅较低，这与控水下限控制在 60% $\theta_f$ 时，交替灌溉处理对番茄植株的 $P_n$ 影响较小但显著影响其 $g_s$ 并降低 $T_r$ 有关，和其他研究者进行控制性分根交替灌溉时较低的灌水下限处理使园艺作物、玉米作物的 $g_s$ 降低的结果相似（Loveys 等，2000；Kang 等，1998；Davies 等，2002）。这主要是因为交替灌溉时，干燥一侧根系受到干旱胁迫后产生的脱落酸（ABA）可随蒸腾流运至地上部分，促使气孔关闭。而部分气孔关闭有利于减少 $g_s$，降低奢侈蒸腾，同时 $g_s$ 的降低在一定范围内对 $P_n$ 影响不大，因而导致叶片水分利用效率大幅度提高。上述试验结果同时表明在农业生产实践中进行交替灌溉时需要设置合理的灌水下限，才能达到节水稳产的目的，这与其他研究者的研究结论一致。例如，刘贤赵等（2010）在研究根系分区交替灌溉不同灌水上下限对茄子生长与产量的影响时发现，设置合理灌水下限（50% $\theta_f$）的交替灌溉处理的灌水利用效率比常规灌溉提高了43.4%，产量增加10.8%；而过低的土壤含水率灌水下限会使产量降低。胡笑涛等（2005）对番茄开展垂向分根区交替控制滴灌试验研究时，也发现控制性分根交替灌溉在适宜的水分条件下能够大大降低耗水强度，使耗水过程趋于平缓，有利于控制植株长势、壮大茎秆直径，番茄产量在无显著下降的情况下可实现节水46.5%。

本试验结果发现，交替灌溉处理能提高番茄果实维生素C含量、可溶性糖含量和果实硬度，降低有机酸含量，其变化幅度与水分供给水平密切相关。其原因可能是水分胁迫能够提高可溶性酸性转化酶和细胞壁转化酶的活性，增加转化酶含量，从而导致己糖和蔗糖等可溶性糖水平的提高。糖酸比决定番茄风味品质（刘小刚等，2013），本章研究表明交替灌溉处理能提高番茄果实糖酸比、降低有机酸，果实风味品质得以改善。此外，在同一氮素形态下，水分下限控制在40% $\theta_f$ 的交替灌溉处理的维生素C含量和果实可溶性糖最高，果实有机酸含量最低。这表明灌水量的减少有利于果实品质的提高。产量是衡量灌溉水分调控效果的一项重要指标，也是种植者直接关心的问题。而且，评价某一灌水处理的优劣，不能单纯从果实品质高低来衡量。所以，尽管40% $\theta_f$ 的灌水下限能够有利于果实品质的显著提高，但是由于其导致番茄减产22.4%～26.3%，并不是一个最佳的灌水下限选择。

## 10.9.2 分根交替灌溉下氮素形态对生长、产量与品质的影响

铵态氮与硝态氮对植株生长产生的效应明显不同。本研究发现在番茄生长发育的前期阶段，无论是正常灌溉还是相应分根交替灌溉条件下，铵态氮处理的植株各形态指标均超过了硝态氮处理的植株（图10-3），表明铵态氮在番茄生长发育的前期阶段具有促进幼苗生长的效应，这与王海红等（2009）的研究结果基本一致。铵态氮营养下增大了叶绿体的体积，从而增加了单位叶重的叶绿素含量；植株体内铵态氮含量的增加，提高了叶绿素合成前体谷氨酸或 $\alpha$-酮戊二酸的含量，促进了叶绿素的合成。此外，铵态氮进入植物体后，还可以促进以光合作用过程中的关键酶 Rubisco 为主的可溶性蛋白质

的合成，提高 Rubisco 酶的含量或活性，即提高 Rubisco 酶的羧化能力，从而能够增强作物的光合作用。而在番茄生长发育过程的中后期阶段，无论是正常灌溉还是控制性分根交替灌溉条件下硝态氮处理的植株各形态指标都超过了铵态氮处理的植株（图 10-3），这可能是由于铵态氮处理的植株在后期叶绿素含量下降、光合能力与转化效率降低所致。有研究表明，当铵态氮作为唯一氮源长期供应时，在叶片中积累的铵离子过多会导致植物中毒，表现出明显的胁迫症状：叶片和根系生长受阻，同时干物质累积也减少。

Knight 等（2000）发现，土壤中的硝态氮比铵态氮更有益于马铃薯的产量和多数品质特性。本章研究同样也发现硝态氮供应下番茄的产量高于相应铵态氮供应的植株产量（图 10-5），而且当交替灌溉水分下限控制在 60% $\theta_f$ 时，硝态氮供应显著提高了番茄叶片的水分利用效率（图 10-6）。番茄是一种对硝态氮反应良好的作物，施用硝态氮不但能提高其产量，也能改善其品质（表 10-2）。光合作用是作物最基本的生理过程之一，作物产量的提高都是通过各种农事活动直接或间接地改善作物的光合能力来实现的。在同一灌溉处理下，在番茄生长的中后期，硝态氮处理的植株的光合速率超过了铵态氮处理的植株，从而导致产量比相应的铵态氮处理高（图 10-4，图 10-5）。在充分灌溉条件下，硝态氮处理的番茄果实维生素 C 含量和硝酸盐含量均显著高于铵态氮处理，而硝态氮处理的糖酸比显著小于铵态氮处理；但在交替灌溉条件下，硝态氮处理的番茄果实维生素 C 含量、糖酸比、硝酸盐含量均显著高于相应的铵态氮处理（表 10-2）。已有大量研究指出，硝态氮和铵态氮对植物生长和品质的影响差异很有可能与植物矿质素的组成、植物酶活性及它们之间在吸收和同化上的相互影响有关。交替灌溉条件下硝态氮处理能够提高番茄风味品质，这可能是由于交替灌溉条件下水氮耦合效应所导致。

本章研究发现：①进行交替灌溉时需要设置合理的灌水下限，才能达到节水稳产的目的。在同一形态氮肥供应下，与正常灌溉相比，灌水下限为 40% $\theta_f$ 的交替灌水条件下番茄产量下降了 22.4%～26.3%；而灌水下限为 60% $\theta_f$ 的交替灌水条件下番茄产量下降的幅度并不大，仅比正常灌溉下降了 5.3%～5.4%。②交替灌溉可以明显改善番茄果实的主要品质。和正常灌溉相比，交替灌溉可以提高番茄果实维生素 C 含量、可溶性糖含量、果实硬度和果实糖酸比，而减少有机酸含量，其变化幅度与水分供给水平密切相关。

③同一灌溉方式或下限处理下，铵态氮处理对番茄植株前期的生长发育有利，而硝态氮处理则对番茄植株中后期的生长发育有利。此外，交替根区灌溉下硝态氮处理的番茄果实维生素 C 含量、糖酸比、硝酸盐含量均显著地高于铵态氮处理，能够明显提高番茄果实的品质风味。④综合考虑产量、水分利用和品质的因素，灌水下限控制在 60% $\theta_f$、供应硝态氮的交替灌溉处理为番茄高产、优质、节水的最佳处理。

# 第 11 章　局部根区灌溉造成的土壤干湿交替过程对土壤养分吸收的调控机制

## 11.1　概述

在自然生态系统、旱作或灌溉农田中，土壤的干湿交替循环（DRW）不断影响着土壤的物理、化学和生物学性质。与此同时，也显著影响着植株对水分和养分的吸收，以及与矿化和固定过程中与土壤养分转化有关的土壤微生物活性，进而影响着土壤养分的生物有效性。农业水资源的短缺和气候变化使干旱不断加重。为了满足随着人口增加日益增长的粮食需求，保障农作物产量，灌溉农业的面积不断增加。因此减少农业灌溉用水量，提升水分利用效率成为农业可持续发展的关键。从 1960 年到 1995 年，全球氮肥和磷肥用量分别增加了 7 倍和 3.5 倍，而且在未来几十年还将继续增加，而目前作物仅利用了施用氮肥的 30%～50%，施用磷肥的 45%（Tilman 等，2002），其余部分则流失到环境中，造成地表和地下水的污染。为了应对这些挑战，亟需发展可持续的水资源和肥料施用策略。

水分利用效率（WUE）有不同的定义。本质上是两个生理过程（蒸腾和光合）或农艺性状（产量和作物耗水量）的比值。在缺水的情况下，为了维持作物产量，需要提高水分利用效率。由此产生了一个问题，即是否能在作物生产中通过提高水分利用效率来实现增加作物产量和节约灌溉用水的双重目标。作物水分利用效率主要取决于物种（例如 C3 与 C4 作物），并且受物理条件限制，因此，在一定的气候条件下，对作物而言，水分利用效率是比较恒定的，无法通过遗传方式对其进行显著改变。可以通过减少灌溉用水量来提高用水效率，然而研究结果表明，较高的水分利用效率往往伴随着较低的生物量，因此仅以高水分利用效率为标准进行育种往往导致植株生长缓慢、产量降低。

作物叶片气孔的调节是提升作物水分利用效率的关键。在某种程度上，环境因素可直接或间接地调节气孔导度、昼夜节律、叶片水分状况和木质部信号，如脱落酸 ABA 和细胞分裂素。通过控制气孔行为节水是基于气孔导度（$g_s$）对土壤干旱比光合作用（A）更敏感。在轻度土壤水分亏缺条件下，叶片的气孔发生部分关闭，而光合速率则可以保持在较高的水平上，因此内在水分利用效率（即 $A/g_s$）提高。当土壤有效水分减少到一定程度后，根水势降低，促进一些激素的合成，包括 ABA。根水势降低，激素在根系合成并通过蒸腾流运输到地上部分，进而降低了植株叶片的气孔导度，这是化学信号传导过程。

亏缺灌溉是在作物生长时对水分的非敏感时期，适度降低灌溉量，从而达到降低蒸腾，而对作物的产量几乎不产生影响。PRI 处理下每次只灌溉湿润根区，从而保证作物的正常水分吸收，而干燥根区不灌溉至预定的土壤含水量水平，促进根系向植株地上部分的 ABA 信号转导，从而达到在控制气孔开度的同时，作物还能保持正常的生长和生理活动（Dodd，2007；Wang 等，2010a，2017b）。研究已经表明，在相似节水条件下，PRI 处理相对于 DI 处理可以加强 ABA 信号传导，更优化地调控气孔开度和蒸腾作用，从而进一步提高 WUE（Dodd，2009；Wang 等，2010a）。

除了提高作物的 WUE，研究表明，PRI 处理下的土壤 DRW 循环可以影响植株对养分的吸收，如图 11-1 所示。在大多数情况下，与 DI 相比，PRI 可以提高植株对氮素和磷素的吸收。这在很大程度上归因于 PRI 处理可以提升土壤养分的生物有效性。一些综述文章，例如 Dodd（2009），Sadras（2009），Jensen 等（2010），Dodd 等（2015）表明，在相同灌溉量的情况下，PRI 在维持产量和提高水分利用效率方面都优于 DI。而本章研究首次比较了在相同灌溉量下，PRI 与 DI 对养分吸收的影响及其机制。

## 11.2　土壤干湿交替过程对土壤养分的影响机理

Birch（1958）首次报道了土壤 DRW 循环对再湿润干燥土壤有机质分解和矿化的作用。这种现象后来被定义为"Birch 效应"。大量的研究也证明，土壤 DRW 循环可以引起"Birch 效应"，增加可被作物吸收利用的有效氮或者有效磷进入土壤溶液。"Birch 效应"的大小取决于土壤 DRW 循环的强度和频

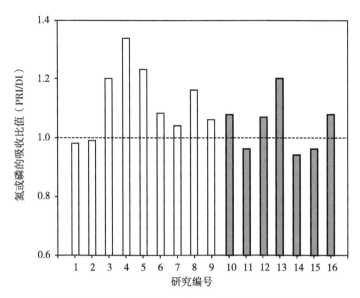

图 11-1　相同灌溉量下 PRI 与 DI 处理对植株吸氮量和
吸磷量的影响（Wang 等，2017a）

注：比值为 1 表示两种灌溉方式下氮、磷积累量相等，比值大于 1 表示 PRI 处理的氮、磷
积累量高于 DI 处理。白色柱表示 PRI 和 DI 的氮素累积量比值，灰色柱表示 PRI 和 DI 的
磷素累积量比值。横坐标数字对应的研究分别是：1. Kirda 等，2005，玉米，品种是 Sele；
2. Shahnazari 等，2008，马铃薯，品种是 Folva；3. Wang 等，2009，玉米，品种是 Folva；
4～5. Liu 等，2015，马铃薯，品种是 Folva；4 为施用无机氮肥（不施无机磷肥），5 为施用
无机氮和无机磷肥；6. Topcu 等，2007，番茄，品种是 F1 Fantastic；7. Wang 等，2010a，番
茄，品种是 Cedrico；8. Wang 等，2010b，番茄，品种是 Cedrico；9. Wang 等，2013，番茄，
品种是 Cedrico；10～13. Liu 等，2015，马铃薯，品种是 Folva；10 为在处理 30 d 时施用无
机氮肥和无机磷肥，11 为在处理 52 d 时施用无机氮肥和无机磷肥，12 为在处理 30 d 时施用
无机氮肥（不施无机磷肥），13 为在处理 52 d 时施用无机氮肥（不施无机磷肥）；14. Sun 等，
2015，马铃薯，品种是 Zhongshu 3#；15～16. Wang 等，2012b，番茄，品种是 Cedrico，
15 为施用无机氮肥和无机磷肥，16 为施用有机氮肥和有机磷肥。

率。在土壤 DRW 循环过程中，微生物胁迫和底物供应理论可以解释"Birch
效应"，从而影响土壤养分的动态。

　　微生物胁迫机制是土壤微生物生理抗旱的结果。随着土壤水分含量下降，
干燥的土壤逐渐将土壤水分限制在土壤颗粒周围较小的区域，造成土壤水势
降低。一些微生物细胞在这个过程中死亡，并成为土壤有机质（SOM）的一
部分。可以存活下来的土壤微生物通过细胞质壁分离、细胞内水势的降低或

细胞内有机溶质的积累来平衡细胞内部水势与周围土壤水分的关系。土壤干燥的过程通常是缓慢的，这使土壤微生物细胞有足够的时间来积累有机溶质。干旱影响后的存活的土壤微生物在再湿润过程中重新吸水。土壤微生物胁迫机制会降低微生物的生物量，抑制微生物的正常功能，这是因为微生物生存需要的物质减少，而一些对水分胁迫敏感的微生物发生死亡。

干旱土壤在降水或灌溉后的再湿润过程通常发生得较快，湿润锋也很快进入微生物所在的干燥土壤。微生物典型的反应是将这些积累在细胞内的溶质排出细胞，使细胞内有机溶质释放，如氨基酸、铵化合物和甘油。这些易于降解的有机化合物可以被存活的土壤微生物利用，从而促进再湿润后碳、氮或磷库的增加。

另一个机制是底物供应理论，与土壤物理过程（例如团聚体破坏）有关。干燥的土壤再湿润后快速吸收水分，同时导致空气被截留在孔隙中，导致土壤团聚体膨胀、破碎，使先前被保护起来的 SOM 和易于分解的物质暴露，从而被微生物获得。这一过程也使一些稳定状态的养分转化进入不稳定的养分库，从而促进养分矿化。受到保护起来的碳变成有效态碳，这会增加土壤微生物量，导致土壤中碳的损失。受物理过程影响释放的养分受土壤 DRW 循环的强度和频率的影响，并且还与养分的属性有关。当 SOM 仍在大团聚体里保护着无法被微生物利用时，在一段时间的 DRW 循环之后，土壤团聚体会变得不易破碎。土壤微生物细胞裂解和大的团聚体的分解都有利于土壤 DRW 循环中磷素的释放。然而，土壤 DRW 循环中的物理变化可能暴露出更多的磷吸附位点，导致更多的磷素被吸附在这些新暴露出来的位点上，从而降低磷素的生物有效性。

上述两个机理造成了土壤的"Birch 效应"，进而影响着土壤氮素和磷素的生物有效性。值得注意的是，土壤养分的释放和土壤微生物活性的增强可能是再湿润干燥土壤后的一个暂时现象。养分释放的程度随着土壤性质、DRW 循环的强度和频率的变化而改变。因此，未来的研究需要进一步确定土壤 DRW 循环下微生物胁迫和底物供应机理对土壤养分生物有效性的影响，这也可以为气候变化下土壤养分的矿化和转化提供新见解。除此之外，在旱作或者灌溉农田中，土壤养分的矿化和转化不仅受土壤 DRW 循环的影响，还受土壤水分动态、作物生长、根系以及养分吸收的影响。未来研究需要考虑不同频率和强度的灌溉方式下土壤 DRW 循环对土壤—植物系统的影响。

## 11.3　局部根区灌溉造成的土壤干湿交替过程对土壤养分转化和吸收的影响

　　PRI 造成作物根区土壤的 DRW 循环，从而引起"Birch 效应"，这可能会增加土壤氮素或磷素的生物有效性。王耀生等研究也发现，PRI 处理改善了作物的氮素营养，并影响作物对磷素的吸收。与 DI 处理相比，PRI 处理使马铃薯叶片、茎和块茎中的氮浓度分别提高了 17%、35% 和 24%（Wang 等，2009）。DRW 循环促进了土壤有机氮的矿化，PRI 处理下 $^{15}N$ 标记的秸秆的净氮矿化速率比 DI 处理显著提高了 25%，从而增加了无机氮的有效性，使植株的吸氮量提高了 16%（Wang 等，2010b）。除了氮素，施用有机肥时，PRI 处理可使植株磷素吸收增加 8.3%，这表明，PRI 处理下土壤 DRW 循环增强了有机磷的矿化，有助于提高磷的生物有效性和磷素吸收（Wang 等，2012b）。但在施用无机磷肥下，PRI 处理和 DI 处理的吸磷量相似（Wang 等，2012b；Liu 等，2015）。PRI 处理与养分吸收相关的过程总结为图 11-2。

　　土壤水分状况对微生物的生理和功能有着重要影响。在 PRI 处理下，土壤微生物在促进养分矿化过程中发挥关键作用。土壤微生物活性取决于 PRI 灌溉哪个根区的土壤。干燥土壤再湿润后与 DI 处理土壤相比，土壤微生物呼吸增加了 2 倍（Wang 等，2010b）。因此，PRI 处理下的土壤水分动态是决定微生物呼吸的主要因素。再湿润干燥的土壤增强土壤的微生物活性，使土壤中的无机氮浓度提高。同时，在有利的土壤水分条件下，土壤无机氮矿化改善了 PRI 处理植株的氮素营养（Wang 等，2010b，2017b）。

　　除了土壤水分对微生物生理的直接影响之外，土壤微生物活性还取决于微生物量、底物浓度有效性和酶活性。PRI 条件下土壤 DRW 循环和水分动态改变了土壤微生物量氮，再湿润干燥土壤的微生物量氮较干燥土壤和 DI 处理土壤分别显著增加了 124% 和 65%，且微生物活性增强（Wang 等，2010b）。此外，与 DI 处理的土壤相比，PRI 处理下土壤微生物量磷降低（Liu 等，2015）。在土壤 DRW 循环过程中，土壤微生物群落的组成可能改变并参与调节氮素和磷素的矿化速率（Wang 等，2010b，2012c）。与干燥根区或 DI 处理

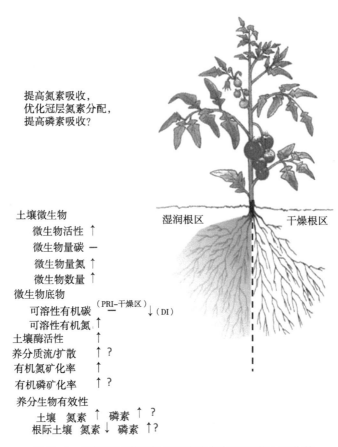

提高氮素吸收，
优化冠层氮分配，
提高磷素吸收？

土壤微生物
　微生物活性 ↑
　微生物量碳 —
　微生物量氮 ↑
　微生物数量 ↑
微生物底物
　可溶性有机碳 （PRI-干燥区）↓（DI）
　可溶性有机氮 ↑
土壤酶活性 ↑
养分质流/扩散 ↑？
有机氮矿化率 ↑
有机磷矿化率 ↑？
养分生物有效性
　土壤　氮素 ↑ 磷素 ↑？
　根际土壤 氮素↓ 磷素 ↑？

湿润根区　　干燥根区

图 11-2　局部根区灌溉根区干湿交替循环对养分吸收的
影响过程（Wang 等，2017a）

注：PRI 再湿润土与干土和 / 或 DI 处理土壤相比，"—"、"↑"
和 "↓"分别表示无显著差异、显著增加和显著降低。

土壤相比，再湿润干燥土壤后用于微生物反应的底物有效性即可溶性氮分别增加了 68% 和 45%。PRI 处理提高了土壤微生物底物浓度有效性，这有助于促进土壤氮素的矿化作用，从而提高氮素的生物有效性（Wang 等，2010b）。但是，在 DI 处理的土壤中，长期的土壤水分亏缺显著降低了土壤微生物量和微生物底物浓度的有效性，这两者限制了土壤微生物活性和氮素的矿化，因此，降低了土壤氮素的有效性（Wang 等，2010b）。值得注意的是，DI 处理也会在土壤剖面表层土壤中产生土壤 DRW 循环，导致 "Birch 效应"。但其养分浓度增加的幅度与 PRI 处理不同。释放的养分可以被土壤吸附和微生物固定，在这之前，根系必须能够快速地吸收这些释放的养分。在 PRI 处理下，有一部分根系处于良好的土壤水分条件，根系对养分的吸收能力没有受到抑制，使作物能吸收利用 DRW 循环释放的养分。

PRI 处理下的土壤 DRW 循环和更强烈的水分动态也影响着土壤微生物种群大小和酶活性。与充足供水处理相比，PRI 处理可以使根区保持良好的通气状态，从而使可培养细菌、真菌和放线菌的土壤微生物种群数量增加（Wang 等，2008）。虽然 PRI 处理干燥区土壤抑制了土壤酶活性，但 PRI 处理土壤过氧化氢酶、脲酶和酸性磷酸酶活性均维持在较高水平（Li 等，2010）。Liu 等（2015）发现 PRI 和充足供水处理下土壤酸性磷酸酶活性均较高，并且显著高于 DI 处理的土壤，这有利于有机磷分解为有效磷。PRI 处理下，土壤微生物数量增加、土壤酶活性升高的原因及其对土壤养分矿化过程的贡献尚不清楚，有待进一步研究。

作物木质部中养分流量可以作为根系感应土壤养分有效性或者根系吸收土壤养分能力的指标，因为木质部导管是水分和养分从根部到地上部分运输的主要途径。PRI 处理显著影响木质部养分浓度和根水势（Wang 等，2012a）。当湿润区土壤水分仍然保持在较高的水平且根水势显著高于或近似于 DI 处理时，PRI 处理植株木质部的阴离子和阳离子包括硝酸盐、铵根和磷酸盐含量高于 DI 处理。因此，养分有效性提高的和有利的土壤水分条件都增强了根系对养分的吸收能力，从而提高了 PRI 处理从湿润根区吸收水分和养分（Wang 等，2012b）。

## 11.4　本章讨论与结论

在 PRI 处理下，土壤水分动态影响着土壤溶液浓度、组成及其在土壤剖面中的分布。土壤溶液的运动携带离子，补充由于根系吸收养分在根系表面形成的浓度梯度中的硝酸盐浓度。根系吸收氮素是一个主动的过程，如果植株吸收氮素的能力高于到达根表面的氮素的量，会在根际形成一个氮素浓度梯度，而根系表面的氮素浓度降低。在 PRI 处理中，湿润根区良好的土壤水分条件有利于土壤养分从土壤中向根系表面的运移，即扩散和 / 或质流的过程，促进土壤养分的吸收。土壤磷素的转化和有效性在很大程度上受 DRW 循环造成的土壤过程的影响。PRI 处理可以提高作物对磷素的吸收，土壤磷酸酶活性高可以促进有机磷的矿化。除此之外，土壤磷素的吸收还与氮肥的施用有关。因此，未来的研究还需要利用氮、磷同位素技术，进一步研究 PRI 如何更好地促进土壤磷素转化，以及氮肥和磷肥的交互作用对磷素吸收的影响。

作物养分的吸收还会影响从根到地上部分传导的激素信号，例如 ABA 和细胞分裂素等，从而调节叶片气孔开度。在 PRI 处理下，由于部分根系具有良好的土壤水分状况，可以将灌溉施肥与 PRI 相结合，以进一步改善对养分的获取，同时节省灌溉用水和肥料的施用。作物根系决定着养分的吸收，尤其是对移动性较弱的养分，例如磷素。PRI 处理可以刺激根系生长，尤其是次生根系（Mingo 等，2004），增加根系密度（Abrisqueta 等，2008），并将根系延伸到更深的土层，这使作物能够从更大体积的土壤中吸收养分，并从土壤湿润区吸收水分，因为那里的水分更容易吸收。根系形态和结构以及根际过程的变化会显著影响作物吸收水分和养分的能力。PRI 处理在两个根区造成的土壤水分的异质性，可以显著影响根系形态和构型，进而影响根系对水分和养分的吸收以及在根际的相互作用。未来还需要进一步研究 PRI 处理下根系形态和构型以及相关土壤微生物和根际过程在调节根系吸收水分和养分中的作用。

人们越来越关注局部根区灌溉技术是否已经被用于农田生产，是否能够促进养分吸收和提高作物产量等，因为决定一项农业技术是否被采用的首要条件是作物的产量和利润（Ørum 等，2010）。在地下滴灌系统中，铺设灌溉管道，增加了灌溉的成本（García 等，2012），这会限制其在田间的使用。PRI 可以很简单地在田间实施，即在灌溉作物时采用隔行灌溉或者利用一根灌溉管来完成灌溉。低成本的滴灌管可以与灌溉施肥技术结合，使 PRI 成为农业生产中一种可行的、低成本的节水节肥灌溉技术，特别适合在干旱少雨的地区使用。为了进一步节省灌溉水量和肥料，需要进一步分析 PRI 灌溉方法代替常规灌溉或亏缺灌溉的经济可行性。PRI 的效应也可能因为不同的气候条件、田间降水或灌溉的强度和频率以及作物种类而有所不同。此外，PRI 处理对土壤—植物系统中碳动态的影响也需要进一步深入探索，还需要更多的研究来验证 PRI 灌溉技术在田间的应用效果。

# 第 12 章　局部根区灌溉下 $CO_2$ 浓度升高对番茄水分利用效率及品质的影响

## 12.1　概述

全球范围内的水资源短缺和农业干旱程度加剧推动了旨在提高作物水分生产效率的节水灌溉技术研究。因此在生态脆弱的干旱半干旱地区，必须探索合适的节水灌溉技术来提高农业生产中大田作物的水分利用效率，保证粮食安全和环境的可持续发展。园艺作物中番茄是在全球范围内种植面积最大（Zegbe 等，2004）且需水量较高的蔬菜经济作物，而作物的水分利用效率通常被认为是在水分亏缺环境下的一个重要指标。

近年来，在大量的节水研究中，亏水灌溉尤其是根系分区交替灌溉已被证实是一种高效的灌溉节水方式。交替灌溉通过对两侧根系周围的土壤在空间和时间上产生干湿交替循环，来提高植株的水分利用效率，而且相关的生理响应可以帮助植株保持相对较好的水分状态。交替灌溉的灌水频率与水分亏缺程度依据作物的品种、生长阶段和土壤水分的差异各有不同。与常规灌溉相比，不论采用沟灌还是滴灌方式，交替灌溉能使作物减少一定的作物耗水量，保持作物的产量并改善作物水分利用效率，例如对棉花、玉米、石榴、马铃薯和番茄等作物品种。

除了提高植株的水分利用效率之外，研究表明，相比于节约同等水量的亏缺灌溉，交替灌溉可以提高植株的氮素含量与氮素利用效率。植株氮素含量的增加，促进了植株干物质积累量的增加和氮素营养的合理分配，进而提升叶片的光合能力，促使交替灌溉植株水分利用效率的提高。此外，由于在空间与时间上形成了土壤干燥和湿润的交替循环环境，交替灌溉可以促进根系的生长，增强根系对氮素的吸收能力，提高有机氮向无机氮的转化以及在土壤中营养矿物质的生物有效性，因此可以有效地改善植株的氮素营养水平。

此外，由于大气中 $CO_2$ 的浓度在持续增加，预计 21 世纪末将翻倍，达到 800 mg·$L^{-1}$，进而会引起全球变暖，农业地区淡水资源将进一步减少。而升高的 $CO_2$ 浓度环境对植株矿物质营养元素的稀释作用，可以减少植株中的矿物质营养含量，尤其是氮元素的含量（Li 等，2016），从而可能加剧植株的"隐性饥饿"（Myers 等，2014）。因此，有必要阐明在升高的 $CO_2$ 浓度环境下交替灌溉和亏缺施氮量对番茄植株生理响应、水分和氮素利用的调控机制。

虽然在长期升高的 $CO_2$ 环浓度环境下可能会让植株产生适应性，进而让光合作用与气孔的响应没有发生显著的变化，但大量的研究表明，大气中 $CO_2$ 浓度升高可以提高植株的叶片光合速率，降低叶片的气孔导度与蒸腾速率，优化气孔的形态（气孔密度和气孔大小），从而保持较好的叶片水分状态，并显著提高叶片尺度的水分利用效率。光合能力的增强主要是由于植株 Rubisco 羧化酶活性的增加，加氧酶活性的降低，碳同化过程的加速，光补偿点降低，光合量子增多，从而提高植株利用弱光的能力，并有利于提高叶绿体 PSII 的活性。气孔开度主要是由保卫细胞膜电位的去极化进行调控，主要是无机离子吸收学说，即保卫细胞的渗透势由钾离子的浓度进行调节。$CO_2$ 浓度升高打开了离子通道，让钾离子进入保卫细胞，导致保卫细胞中 pH 值下降，水势上升，保卫细胞失水，因而关闭了部分的气孔（Ainsworth 和 Rogers，2007），进而减少了叶片的蒸腾速率，相应的也降低了植株的总耗水量，因此进一步提高了植株水平的水分利用效率。

在浓度升高的 $CO_2$ 环境下植株体内的氮浓度通常会降低，进而对叶片的光合作用和碳水化合物的代谢过程产生一定的影响。研究表明植株干物质量的增多引起的稀释效应，植株体内蒸腾流的减少导致的根系对营养物质吸收量的降低等都会引起植株体内氮元素浓度含量的降低（Loladze 等，2002；Taub 和 Wang，2008；Myers 等，2014；Tausz-Posch 等，2015）。而且由于植株干物质中碳含量的增多以及氮含量的减少，植株的氮素利用效率得到提高。

番茄果实味道鲜美、营养丰富，是人体健康所需的矿物质营养、维生素和抗氧化剂的重要来源之一。其中果实硬度、可溶性固形物、糖分和有机酸的浓度以及糖酸比等品质属性不仅决定了番茄的甜味和酸味，还影响了果实的整体风味口感。果实的硬度受到细胞壁完整性与果皮组织弹性的调控，一般与番茄的外观和贮藏品质有关（Domis 等，2001）。可溶性固形物在果实中含有主要的光合同化产物，主要是可溶性糖和有机酸。在成熟的番茄果实中糖分主要是葡萄糖、果糖和蔗糖，而有机酸主要是苹果酸和柠檬酸。除了有机营养成分外，矿物质营养也是番茄果实品质的重要属性。在果实中常见的矿物质元素有氮、磷、钾、钙、镁和硫元素，这对于最大限度地提高果实各个方面的品质都是必不可少的。例如，蛋白质的合成水平和次生代谢产物的含量受到氮元素的影响，钾元素与果汁的有机酸浓度和 pH 值密切相关，而钙元素的缺乏则会增加脐腐病的发生率，磷、镁和硫元素分别是植株的核酸、叶绿素、蛋白质和氨基酸的必要组成成分（Domis 等，2001）。

在干旱地区采用适当的亏水灌溉方式对于保持作物的产量和改善果实的品质具有重要意义。亏缺灌溉是将低于充分灌溉的适当水量灌溉整个根区，而对产量的影响很小的一种亏水灌溉方式（Dodd，2009）。交替灌溉是对亏缺灌溉的进一步改进与优化，已被证实可以保持作物的产量与品质，并可节约大量的用水。越来越多的研究表明，与充分灌溉相比，亏缺灌溉和交替灌溉可以节约高达 25%～50% 的灌溉水量而不降低作物的产量（Wang 等，2010a），同时伴随着果实主要品质属性的显著改善，如果实硬度、可溶性固形物含量和糖酸比，以及番茄果汁中各种阴、阳离子的浓度。但是对于果实生长过程中不同品质指标对不同灌溉方式和水分亏缺的形成敏感期却鲜有报道。

除了水分管理之外，氮素营养也是一个影响作物果实生长、产量和品质形成的重要因素。亏缺的氮肥供应能够减少叶片冠层的生长，引起番茄果实次生代谢过程的变化，并影响果实中同化产物的合成与分解，进而影响果实的硬度、果汁中可溶性固形物、可溶性糖和有机酸的浓度（Bénard 等，2009；Domis 等，2001；Wang 等，2007）。

另外，$CO_2$ 浓度的改变在叶片的光合作用、植株的生理生长和作物产量形成的过程中起着关键作用。之前的研究已经表明大气中升高的 $CO_2$ 浓度环境可以调控植株的光合过程、叶片的气孔开度、生物量的累积、产量和水分利用效率等（Ainsworth 和 Long，2005；Pazzagli 等，2016；Sanz-Sáez 等 2010）。例如，$CO_2$ 浓度富集的环境下植株的光合作用明显增强，可以将更多的碳水化合物转移到果实中，从而提高植株的产量，增加果实中淀粉、糖分、抗坏血酸和有机酸的含量。另外，在高浓度 $CO_2$ 环境下生长的植株由于干物质量增多引起稀释作用，以及植株体内蒸腾流的减少而引起的根系对矿物质营养元素吸收量的限制，进而导致植株体内矿物质营养元素，尤其是氮元素浓度的降低。然而到目前为止，高 $CO_2$ 浓度环境对植株果实中矿物质营养含量的影响还没有得到深入研究，且升高的 $CO_2$ 浓度、氮肥供应量和交替灌溉对番茄果实品质的综合影响没有得到清晰的探究。

升高的 $CO_2$ 浓度和亏水灌溉均能够提高从叶片到植株水平的水分利用效率。此外，升高的 $CO_2$ 浓度可以增加植株的碳浓度，降低氮浓度，而交替灌溉和充足的施氮量可以提高植株对氮元素的吸收利用，并可以在升高的 $CO_2$ 浓度下进一步提高植株的吸氮量和氮素利用效率。因此，升高的 $CO_2$ 浓度与交替灌溉是否可以在不减少施氮量的条件下同时提高番茄从叶片到植株水平的水分利用效率和植株水平的氮素利用效率还不明确。升高的 $CO_2$ 浓度环境可以减轻亏水灌溉（亏缺灌溉和交替灌溉）对番茄产量的负面影响，但会导致果汁中矿物质营养元素的减少，进而降低果实的品质。而交替灌溉可以提高植株对矿物质养分的吸收，因而在升高的 $CO_2$ 浓度环境下增加氮肥施用量可能会进一步提高交替灌溉植株的产量，并改善果实的品质。但升高的 $CO_2$ 浓度、亏水灌溉与施氮量的交互效应是否可以协同改善番茄果实的风味和营养的综合品质还不清楚。为了进一步阐明根系分区交替灌溉及其在升高的 $CO_2$ 浓度环境下的作物水分利用效率和番茄果实品质的响应变化，本章在 $CO_2$ 浓度升高的环境下，重点分析了 2 个 $CO_2$ 浓度（常规的 $CO_2$ 和升高的 $CO_2$）（400 mg·L$^{-1}$ 和 800 mg·L$^{-1}$），2 个氮肥施用量（1.5 g 氮·盆$^{-1}$ 和 3.0 g 氮·盆$^{-1}$）和 3 种灌溉方式（充分灌溉，亏缺灌溉和交替灌溉）下盆栽番茄叶片的生理参数、茎、叶和果实的碳氮含量、吸收和分配的影响变化，评价了叶片和植株水平水分和氮素的利用效率，测定了果实的产量和品质属性。

## 12.2　研究方法

### 12.2.1　试验条件

番茄盆栽试验从 2016 年 9 月到 2017 年 1 月在丹麦哥本哈根大学试验农场的人工气候温室内进行。番茄种子（品种为 Elin）于 2016 年 9 月 26 日播种。到植株第四叶期时，将幼苗移植到体积为 1.5 L 的腐殖质小盆中。从播种开始，一半数量的植株（24 盆）在 $CO_2$ 浓度为 400 mg/L（常规 $CO_2$ 浓度）的温室中生长，另一半在 $CO_2$ 浓度为 800 mg/L（升高的 $CO_2$ 浓度）的温室中生长。在这两个温室单元内（每一个 50 $m^2$），$CO_2$ 气体来自瓶装罐中纯 $CO_2$，并通过内部通风均匀分布在温室单元中。通过 GMT220$CO_2$ 装置每隔 6 s 监测温室单元内的 $CO_2$ 浓度。温室内的 $CO_2$ 的浓度在试验期间保持稳定。两个温室单元的气候条件设定为：昼 / 夜温度为（22/17 ± 2）℃，相对湿度为 60%，光照时间为 16 h，通过自然太阳光与 LED 灯光（Philips GreenPower LED Toplighting，Frederikskaj 6，2450 København SV，Denmark）使光合有效辐射（PAR）大于 500 $mol \cdot m^{-2} \cdot s^{-1}$。两个温室单元内 $CO_2$ 浓度、气温、相对湿度和光照在播种后的变化如图 12-1 所示。

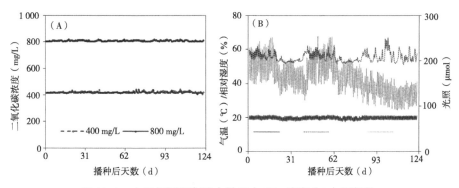

图 12-1　人工气候温室两个单元内 $CO_2$ 浓度（A）和气温、相对湿度、光照（B）在播种后的变化（魏镇华，2018）

### 12.2.2　试验设计

播种五周后，将番茄幼苗移植到温室内直径为 17 cm，高度为 50 cm，体积为 10 L 的试验桶中，每个桶用塑料隔板从中间平均分为两个隔室，以防止水分在两个隔室之间的侧渗。在每个隔板上部的中间移去 4 cm × 5 cm 的空间以便于番茄苗的移栽。盆间距为 0.4 m × 0.4 m（每平方米六盆植株），每个桶内装 14.5 kg 的风干土。所用土壤为砂壤土，土壤容重为 1.14 g·cm$^{-3}$，pH 值为 6.7，总碳含量为 10.3 g·kg$^{-1}$，总氮含量为 1.0 g·kg$^{-1}$，NH$_4^+$ 为 0.1 mg·kg$^{-1}$，NO$_3^-$ 为 5.3 mg·kg$^{-1}$。在装桶之前，将土壤过 5 mm 的筛网。土壤持水量和凋萎点分别为 18.0% 和 5.0%。

实验在两个人工 $CO_2$ 气候温室单元内进行，一个浓度为 400 mg/L（常规 $CO_2$ 浓度），另一个浓度为 800 mg/L（升高的 $CO_2$ 浓度）。每个单元内有两个施氮量水平：N1（1.5 g 氮素·盆$^{-1}$）和 N2（3.0 g 氮素·盆$^{-1}$），即氮肥的施用量分别为 100 mg 氮素·kg$^{-1}$ 土壤和 200 mg 氮素·kg$^{-1}$ 土壤。氮肥使用 $NH_4NO_3$，磷肥与钾肥使用 $KH_2PO_4$，分别将 0.7 g 和 0.88 g 磷和钾施入到每个桶的土壤中。肥料装桶前与土壤均匀混合。

移植后的前 3 周，番茄植株充分灌溉到田间持水率（18%）以满足植株的耗水需求。此后，灌溉处理分为 3 种处理：①充分灌水（FI），每天 15:00 用自来水对植株进行灌溉，将两侧根系的土壤体积含水率均灌到 18%，以补偿前一天的全部蒸发蒸腾损失的水量。灌水量（$I_{FI}$）计算公式为 $I_{FI}=10 \times (18\%-\theta_{mean})$，其中 10 L 为整个盆体的土壤体积，$\theta_{mean}$ 为两侧根系的平均土壤含水率。②根区交替灌溉（PRI），灌水侧根系每天均灌到充分灌溉处理灌水量的 70%，非灌水侧根系则不灌水且土壤体积含水率降到了 6% 左右，然后转换灌水侧根系，即原先不灌水的一侧下次灌水，而原先灌水的一侧则不灌水，以此类推。③亏缺灌溉（DI），灌水量为充分灌溉处理的 70%，每天将 PRI 处理的灌水量平均分成两份，均匀灌于其两侧的根系。试验过程中没有渗漏的发生。

盆栽试验是完整随机设计，总共 12 个处理，每个处理有 4 株重复的植株。灌溉水使用自来水，其中的营养物浓度可以忽略不计。灌溉处理总共历时 40 d，交替灌溉植株的每一侧根系均经历了 5 次干旱／湿润的交替循环。

### 12.2.3  观测指标与测定方法

每株番茄盆栽内两侧根系的平均土壤体积含水量在每天 14:00 使用 TDR

仪器（TDR，TRASE；Soil Moisture Equipment Corp.，Santa Barbara，USA）进行测定，探针埋设深度为 35 cm，分别位于两侧根系土壤的中部，每个盆钵共 4 根探针。

在灌溉处理开始后的第 1、4、8、12、16、24、28 和 40 天采用 6400-XT 便携式光合仪（6400XT，Li-cor，NE，USA）测定番茄叶片的气体交换。测定中每个处理重复 4 次（即每株测定一个叶片），在上午 10:00 左右选取上层充分展开且同一方位的叶片测定光合速率、气孔导度和蒸腾速率。仪器测定参数设置为 20℃室温和 1 200 µmol·m$^{-2}$·s$^{-1}$ 光量子通量密度，常规 $CO_2$ 浓度和倍增 $CO_2$ 浓度（$CO_2$ 浓度分别设为 400 mg/L 和 800 mg/L）。光合速率（µmol·m$^{-2}$·s$^{-1}$）与气孔导度（mol·m$^{-2}$·s$^{-1}$）的比值为内在水分利用效率（$WUE_i$，µmol·mol$^{-1}$），光合速率（µmol·m$^{-2}$·s$^{-1}$）与蒸腾速率（mmol·m$^{-2}$·s$^{-1}$）的比值为瞬时水分利用效率（$WUE_n$，mmol·mol$^{-1}$）。为了让各处理对叶片气体交换的响应具有代表性，使用不同日期测定的 8 次数值的平均值进行对比。

在灌溉处理开始后的第 1、8、16、24 和 40 天在测定气体交换后取同一叶片采用压力室法（Soil Moisture Equipment，Santa Barbara，CA，USA）测定叶水势（$\Psi_l$）。将待测叶片首先用塑料袋罩住，而后用解剖刀片在叶柄处切下，以防止蒸腾水分的散失过快。叶片移入压力室内，将叶片切口在气室盖处伸出。待气室拧紧后，对气室缓慢加压，同时借助放大镜观察切口处。当小水珠刚出现在切口处时立即停止加压并读取压力值。此时压力值的负数即为叶水势。然后立即将叶片分成两半，用锡箔纸进行包裹，转移到液氮中，随后储存在 -80℃的冰箱中冷冻，用于测定脱落酸（ABA）与渗透势（$\Psi_\pi$）。在室温解冻叶片样品后用挤压器将叶片汁液压挤出来，并用滤纸片收集。将滤纸片快速放入样品室中，用与微伏计（HR-33T，Wescor，Logan，UT，USA）相连的溶质势仪（C52，WescorCrop，Logan，UT，USA）在 20℃恒温下测定叶片渗透势。叶水势与溶质势的差值为叶片膨压（$\Psi_p$）。取不同日期测定的 5 次数值的平均值进行对比。

提取叶片 ABA 汁液：将叶片样品在加入液氮的研钵中研磨成细粉末，用万分之一精度的天平称取 30 mg 左右的样品放入 1.5 mL 的离心管中，加入 1 mL 的蒸馏水，然后在冷库中用混合仪将样品混合均匀（40 r·min$^{-1}$，大约需要 16 h)，随后用 14 000 r·min⁻¹ 的低温离心机离心 5 min，用 1 mL 的移液枪吸取上清液 0.7 mL 到 1.5 mL 的离心管内，放入 -80℃的冰箱中冷冻储存待测。ABA 浓度通过酶联免疫方法（ELISA）测定。

灌溉处理结束后，收获所有的番茄植株。将植株样品分为茎、叶片和果实，在 70℃烘干至恒重后测定各部分的干物质重量。将干物质样品彻底研磨成细粉末，用万分之一精度的天平秤取 40 mg 左右，采用 Dumas 干燥燃烧方法由 ANCA-SL 元素分析仪（Europa Scientific Ltd，Creve，UK）以及质谱仪（Europa Scientific Ltd.，Creve，UK）测定植株各部分的碳和氮浓度。地上干物质总重为茎、叶和果实干物质重的总和。植株的总碳累积量和总氮吸收量分别为茎、叶和果实中碳和氮浓度与干物质重相乘之后的总和。

依据灌溉量和水量平衡法计算试验期间的植株耗水量。植株收获指数为植株果实干物质与地上部（茎与叶片）干物质重的比值。植株干物质水平的水分利用效率为处理期间总干物质重和耗水量之间的比值。植株的氮素利用效率为植株的总碳累积量与总氮吸收量的比值。

番茄品种 Eilin 是一个无限生长的品种。在第四穗果实长出后，除去植株的顶端以停止向上的营养生长。当第一穗果实达到红色成熟时，即植株移栽后 64 d，收获全部果实，记录单株果的果实数量和产量。单果重为果实产量和数量的比值。

果实品质指标包括果实硬度、可溶性固形物、各种糖分与酸类、矿物质营养离子的浓度。每株植株从第一穗果中选取一个成熟的果实用于品质测定，每个处理 4 次重复。番茄果实硬度用 FTX 果实硬度测试仪（Wagner Instruments，Greenwich CT，USA）在果皮中部记录每个果实的读数。此后，果实被切成小块并在水果搅拌机里彻底粉碎并搅拌均匀。搅拌后的匀浆在 4 000 r·min⁻¹ 转速下离心 5 min，通过注射过滤器（0.22 mm Acetate Cameo；Osmonics，Minnetonka，USA）过滤上清液。然后通过自动温度补偿的数字折射仪（RFM 90；Struers Ltd.，Catcliffe Rotherham，UK）测量果汁中的总可溶性固形物浓度，单位为 Brix。

通过离子色谱法（MetrohmAG，Herisau，Switzerland）分析果汁中的果糖、葡萄糖、蔗糖、柠檬酸、苹果酸、$NH_4^+$、$K^+$、$Mg^{2+}$、$Ca^{2+}$、$NO_3^-$、$SO_4^{2-}$ 和 $PO_4^{3-}$ 离子的浓度。每个处理 4 次重复。采用 100 mmol 氢氧化钠作为洗脱

液，在 Metrosep Carb 1-150 柱上测定果糖、葡萄糖和蔗糖的浓度含量；柠檬酸和苹果酸的测定采用 0.5 mM 硫酸和 10% 丙酮作为洗脱剂，在 Hypersil Carbohydrate $H^+$ 柱上测定。总糖浓度为果糖、葡萄糖与蔗糖浓度的总和，有机酸浓度为柠檬酸和苹果酸浓度的总和，糖酸比为总糖与有机酸的比值。在 Metrosep C4-100 分析柱［4 mm × 125 mm，1.7 mmol $HNO_3$/0.7 mmol $C_7H_3NO_4$（DPA）洗脱液］上测定 $NH_4^+$、$K^+$、$Mg^{2+}$ 和 $Ca^{2+}$ 阳离子的浓度。在 Metrosep A Supp 4 分析柱（4 mm × 125 mm，1.8 mmol $Na_2CO_3$/1.7 mmol $NaHCO_3$ 洗脱液）上测定 $NO_3^-$、$SO_4^{2-}$ 和 $PO_4^{3-}$ 阴离子的浓度。总阳离子浓度为 $NH_4^+$、$K^+$、$Mg^{2+}$ 和 $Ca^{2+}$ 离子浓度的总和；总阴离子浓度为 $NO_3^-$、$SO_4^{2-}$ 和 $PO_4^{3-}$ 离子浓度的总和；总离子浓度为总的阳离子与总的阴离子浓度的总和。

试验数据进行三因素方差分析，即 $CO_2$ 浓度（［$CO_2$］），氮肥施用量（N）和灌溉方式（IRRI）以及三因素之间的交互效应。所有处理的平均值均采用邓肯多重检验（$P=0.05$）进行比较。

## 12.3　土壤含水量

图 12-2 显示了盆栽番茄灌溉处理后在 0～35 cm 土壤剖面内每日平均体积含水率的变化。同一灌溉方式与施氮量处理的土壤体积含水量在两个 $CO_2$ 浓度条件下均呈现出类似的变化趋势。不管在亏缺氮还是充分氮处理下，充分灌溉每天的平均土壤含水率在灌溉处理开始后的 40 d 内均保持在 18% 左右。亏缺灌溉的土壤体积含水率在灌溉处理开始后的前 8 d 明显降低，在随后的 32 d 内亏缺氮和充分氮处理下其平均值分别保持在 10% 和 12% 左右。交替灌溉的每日平均土壤含水率的变化取决于灌溉植株的哪一侧根系。在亏缺氮和充分氮处理下交替灌溉的湿润侧根系土壤含水率分别保持在 12% 和 16% 以上，而干旱侧根系的土壤含水率呈现出急剧下降的趋势，在亏缺氮和充分氮处理下其含水率值均维持在 6% 左右。

## 12.4　叶片气体交换

叶片的光合速率受 $CO_2$ 和施氮量以及 $CO_2$ 与施氮量交互作用的影响显著

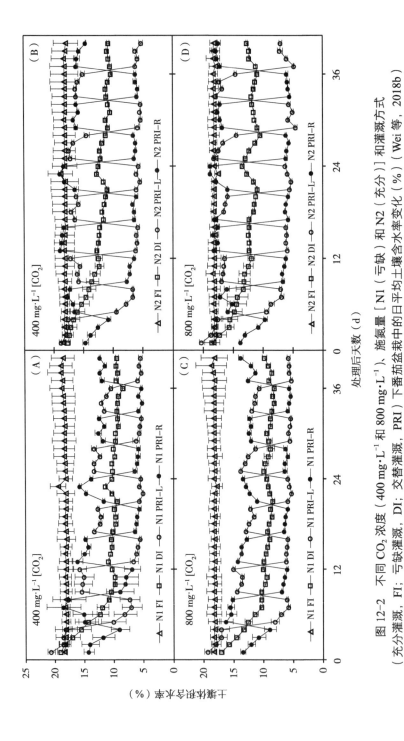

图 12-2 不同 $CO_2$ 浓度（400 mg·$L^{-1}$ 和 800 mg·$L^{-1}$）、施氮量 [N1（亏缺）和 N2（充分）] 和灌溉方式（充分灌溉，FI；亏缺灌溉，DI；交替灌溉，PRI）下番茄盆栽中的日平均土壤含水率变化（%）（Wei 等，2018b）

（表 12-1，图 12-3A）。无论是哪种灌溉方式和施氮量处理，植株在升高的 $CO_2$ 浓度下的光合速率都显著高于常规 $CO_2$ 环境。$CO_2$ 浓度环境、施氮量与灌溉方式均对叶片气孔导度和蒸腾速率有显著影响（表 12-1；图 12-3B 和 C）。高 $CO_2$ 浓度、亏缺氮与亏水灌溉（亏缺灌溉和交替灌溉）的气孔导度和蒸腾速率均分别相应地低于常规 $CO_2$ 浓度、充分氮与充分灌溉处理。$CO_2$ 环境、施氮量与灌溉方式以及 $CO_2$ 浓度与灌溉方式的交互作用都显著影响叶片的内在水分利用效率和瞬时水分利用效率（表 12-1，图 12-4A 和 B）。与常规 $CO_2$ 浓度、亏缺氮和充分灌溉相比，高 $CO_2$ 浓度、充分氮和亏水灌溉（亏缺灌溉和交替灌溉）处理具有较高的内在水分利用效率和瞬时水分利用效率。亏水灌溉，尤其是交替灌溉的番茄植株在充分氮与高 $CO_2$ 浓度环境下具有最高的内在水分利用效率和瞬时水分利用效率。$CO_2$ 环境和灌溉方式以及两者的交互作用显著影响叶片的 ABA 浓度（表 12-1，图 12-4C）。与常规 $CO_2$ 浓度和充分灌溉相比，高 $CO_2$ 浓度和亏水灌溉，特别是交替灌溉处理具有较高的 ABA 浓度。不论哪个施氮量处理，高 $CO_2$ 浓度和交替灌溉处理具有最高的 ABA 浓度（Wei 等，2018a）。

表 12-1　$CO_2$ 浓度、施氮量和灌溉方式对番茄叶片生理指标的
三因素方差分析（Wei 等，2018a）

| 因素 | $P_n$ | $g_s$ | $T_r$ | $WUE_i$ | $WUE_n$ | ABA | $\Psi_l$ | $\Psi_\pi$ | $\Psi_p$ |
|---|---|---|---|---|---|---|---|---|---|
| [ $CO_2$ ] | *** | *** | *** | *** | *** | * | ** | ns | * |
| N | *** | *** | *** | ** | *** | ns | ns | ns | ns |
| IRRI | ns | *** | *** | *** | *** | *** | ** | ns | ns |
| [ $CO_2$ ] × N | * | ns | ns | ns | ns | ns | ** | ns | ns |
| [ $CO_2$ ] × IRRI | ns | ns | ns | ** | * | * | ns | ns | ns |
| N × IRRI | ns | ns | ns | ns | ns | ns | ns | ns | ns |
| [ $CO_2$ ] × N × IRRI | ns | ns | ns | ns | ns | ns | ns | ns | ns |

注：表中为 $CO_2$ 浓度环境（[ $CO_2$ ]），氮素水平（N）和灌溉方式（IRRI）以及三因素交互效应的方差分析对于番茄叶片光合速率（$P_n$），气孔导度（$g_s$），蒸腾速率（$T_r$），内在水分利用效率（$WUE_i$），瞬时水分利用效率（$WUE_n$），脱落酸（ABA），叶水势（$\Psi_l$），渗透势（$\Psi_\pi$）和膨压（$\Psi_p$）的影响。

*、** 和 *** 分别表示在 $P<0.05$，$P<0.01$ 和 $P<0.001$ 下具有差异显著水平；ns 表示差异不显著。下同。

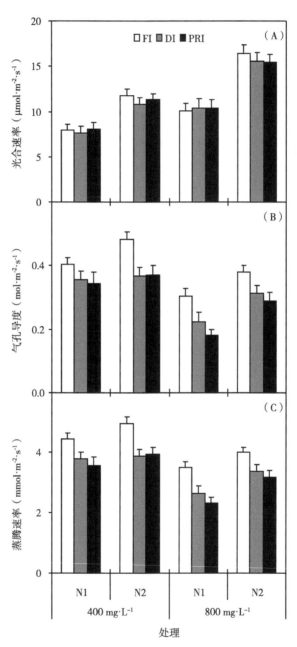

图 12-3　不同 $CO_2$ 浓度（400 mg·L$^{-1}$ 和 800 mg·L$^{-1}$）、施氮量（N1 和 N2）和灌溉方式（充分灌溉，FI；亏缺灌溉，DI；交替灌溉，PRI）下番茄叶片气体交换参数的变化（Wei 等，2018a）

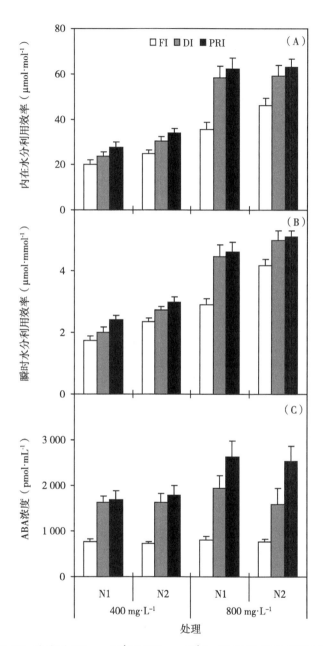

图 12-4 不同 CO$_2$ 浓度（400 mg·L$^{-1}$ 和 800 mg·L$^{-1}$）、施氮量（N1 和 N2）和灌溉方式（充分灌溉，FI；亏缺灌溉，DI；交替灌溉，PRI）下番茄叶片水平水分利用效率和 ABA 的变化（Wei 等，2018a；魏镇华，2018）

如图 12-5 所示，所有处理番茄叶片的气孔导度与内在和瞬时水分利用效率均呈显著的负相关关系，即较低的气孔导度情况下具有较高的水分利用效率。另外，在两个不同的 $CO_2$ 浓度环境下，气孔导度与光合速率、蒸腾速率分别呈极显著的正相关关系（图 12-6），与内在和瞬时水分利用效率分别呈显著的负相关关系（图 12-7），表明其关系的稳定性，且随着气孔导度的增大，光合速率与蒸腾速率也逐渐增多，而水分利用效率逐渐降低。

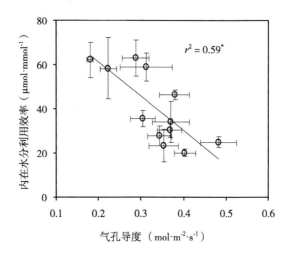

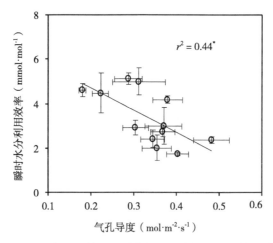

图 12-5　在不同处理下番茄气孔导度与叶片尺度水分
利用效率的相关性（魏镇华，2018）

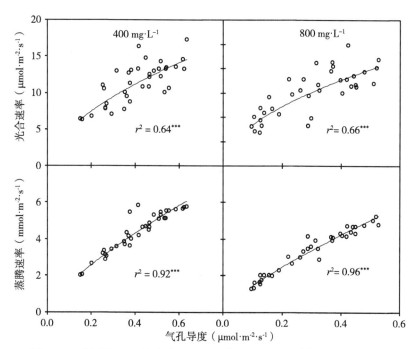

图 12-6　在两个 $CO_2$ 浓度（400 mg·$L^{-1}$ 和 800 mg·$L^{-1}$）下不同处理的
番茄气孔导度与光合速率、蒸腾速率的相关性（魏镇华，2018）

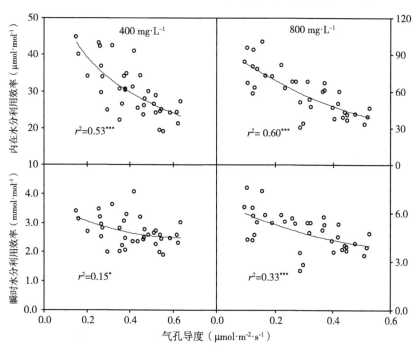

图 12-7　在两个 $CO_2$ 浓度（400 mg·$L^{-1}$ 和 800 mg·$L^{-1}$）下不同处理的
番茄气孔导度与叶片水分利用效率的相关性（魏镇华，2018）

由图 12-8 可知，在所有的不同处理下，叶片的气孔导度和 ABA 浓度含量呈显著的负相关关系，表明随着 ABA 浓度的下降，气孔导度会逐渐增高。叶片水势受到 CO2 浓度和灌溉方式以及 $CO_2$ 浓度与施氮量交互作用的显著响应（图 12-9A，表 12-1）。不考虑施氮量和灌溉方式，相比常规 $CO_2$ 浓度环境，在升高 $CO_2$ 浓度环境下生长的植株通常具有更高的叶水势。与充分灌溉方式相比，亏水灌溉的植株通常拥有较低的叶水势。叶片渗透势不受 $CO_2$ 浓度、施氮量和灌溉方式的影响（图 12-9b；表 12-1），各处理间均没有差异。叶片膨压仅受到 $CO_2$ 浓度环境的显著影响（图 12-9C，表 12-1）。不管哪种灌溉方式和施氮量条件，升高 $CO_2$ 浓度环境下的番茄植株通常具有更高的叶片膨压。

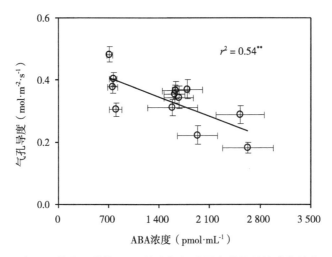

图 12-8　在不同处理下番茄 ABA 浓度与气孔导度的相关性（魏镇华，2018）

## 12.5　植株不同器官干物质量、碳和氮浓度

番茄茎的干物质重仅受到环境 $CO_2$ 浓度的影响（表 12-2，图 12-10a）。在升高 $CO_2$ 浓度环境下生长的植株一般具有比在常规 $CO_2$ 浓度环境下更多的茎干物质重，不同灌溉方式和施氮量下，茎干物质量无显著差异。叶片的干物质重受 $CO_2$ 浓度、施氮量和灌溉方式以及施氮量与灌溉方式交互作用的显著影响（表 12-2，图 12-10b）。在升高的 $CO_2$ 浓度、充分氮和充分灌溉方式

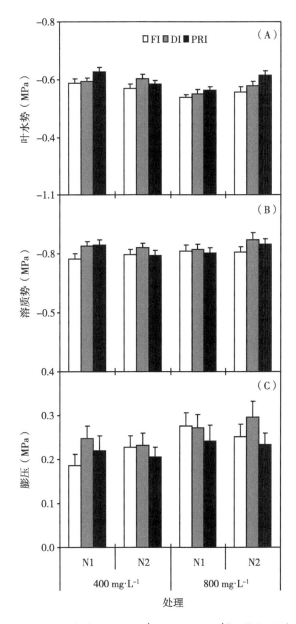

图 12-9　不同 $CO_2$ 浓度（400 mg·$L^{-1}$ 和 800 mg·$L^{-1}$）、施氮量（N1 和 N2）
和灌溉方式（充分灌溉，FI；亏缺灌溉，DI；交替灌溉，PRI）下番茄叶片
叶水势、溶质势和膨压的变化（Wei 等，2018a）

下叶片的干物质重分别高于相应的常规 $CO_2$ 浓度、亏缺氮和亏水灌溉（亏缺
灌溉和交替灌溉）方式。果实的干物质重显著受到 $CO_2$ 浓度、施氮量以及施

氮量与灌溉方式交互效应的影响（表 12-2，图 12-10C）。不考虑灌溉方式，与常规 $CO_2$ 浓度和亏缺氮条件相比，高 $CO_2$ 浓度和充分氮条件分别具有较多的果实干物质重。

番茄茎的氮浓度含量仅受施氮量的影响（表 12-2，图 12-11A）。在充分氮条件下比在亏缺氮条件下生长的植株具有更高的茎氮浓度。叶片的氮浓度受到 $CO_2$ 浓度、施氮量和灌溉方式以及施氮量与灌溉方式交互效应的影响（表 12-2，图 12-11B）。在常规 $CO_2$ 浓度、充分氮和亏水灌溉方式下番茄植株分别具有较高的叶片氮浓度。施氮量以及施氮量与 $CO_2$ 浓度、施氮量与灌溉方式的交互作用均对果实的氮浓度有着显著影响（表 12-2，图 12-11C）。对于同一 $CO_2$ 浓度环境和灌溉方式下，相比亏缺氮，植株在充分氮条件下具有较高的果实氮浓度。除了亏缺氮和常规 $CO_2$ 浓度环境，其余的同一环境下，交替灌溉相比于亏缺灌溉都具有更高的果实氮浓度。

施氮量和灌溉方式均显著影响番茄茎的碳浓度（表 12-2，图 12-12A）。相比于充分氮和亏水灌溉方式，亏缺氮和充分灌溉方式的植株分别具有较少的茎碳浓度。叶片碳浓度受到施氮量、灌溉方式以及 $CO_2$ 浓度、施氮量与灌溉方式交互作用的影响（表 12-2，图 12-12B）。不考虑 $CO_2$ 浓度环境，充分氮和亏水灌溉的植株具有比其他处理更高的叶片碳浓度。果实的碳浓度不受任何处理因素的影响（表 12-2，图 12-12C），各处理间没有差异（Wei 等，2018a）。

表 12-2　$CO_2$ 浓度、施氮量和灌溉方式对番茄植株干物质重与
碳氮含量的三因素方差分析（Wei 等，2018a）

| 因素 | SDM | LDM | FDM | SCC | LCC | FCC | SNC | LNC | FNC |
|---|---|---|---|---|---|---|---|---|---|
| [$CO_2$] | * | * | ** | ns | ns | ns | ns | * | ns |
| N | ns | *** | *** | ** | *** | ns | *** | *** | *** |
| IRRI | ns | ** | ns | * | ** | ns | ns | ** | ns |
| [$CO_2$] × N | ns | ns | ns | ns | ns | ns | ns | ns | * |
| [$CO_2$] × IRRI | ns | ns | ns | * | ns | ns | ns | ns | ns |
| N × IRRI | ns | ** | * | ns | ns | ns | ns | * | * |
| [$CO_2$] × N × IRRI | ns | ns | ns | ns | * | ns | ns | ns | ns |

注：表中为 $CO_2$ 浓度环境（[$CO_2$]）、氮素水平（N）和灌溉方式（IRRI）以及三因素交互效应的方差分析对于番茄植株茎干重（SDM）、叶干重（LDM）、果干重（FDM）、茎碳浓度（SCC）、叶碳浓度（LCC）、果碳浓度（FCC）、茎氮浓度（SNC）、叶氮浓度（LNC）和果氮浓度（FNC）的影响。

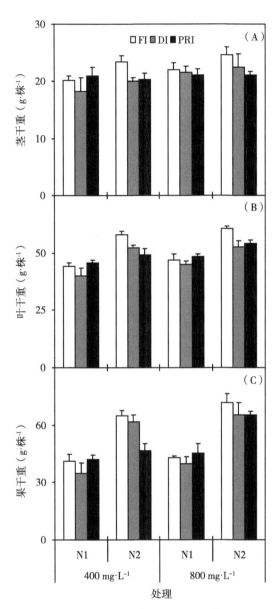

图 12-10　不同 $CO_2$ 浓度（400 mg·L$^{-1}$ 和 800 mg·L$^{-1}$）、施氮量（N1 和 N2）和灌溉方式（充分灌溉，FI；亏缺灌溉，DI；交替灌溉，PRI）下番茄不同部位干物质重的变化（Wei 等，2018a）

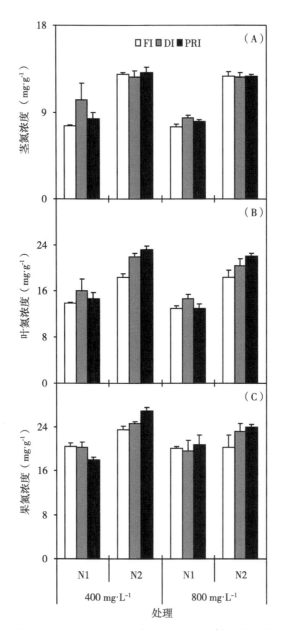

图 12-11　不同 $CO_2$ 浓度（400 mg·$L^{-1}$ 和 800 mg·$L^{-1}$）、施氮量（N1 和 N2）
和灌溉方式（充分灌溉，FI；亏缺灌溉，DI；交替灌溉，PRI）下番茄不同
部位氮浓度的变化（Wei 等，2018a）

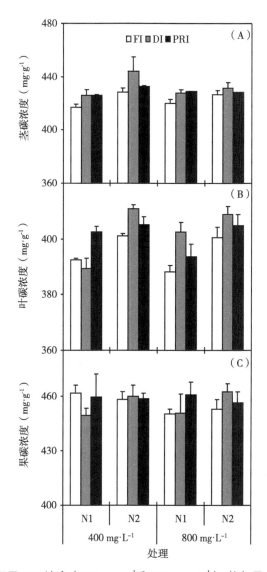

图 12-12　不同 $CO_2$ 浓度（400 $mg·L^{-1}$ 和 800 $mg·L^{-1}$）、施氮量（N1 和 N2）和灌溉方式（充分灌溉，FI；亏缺灌溉，DI；交替灌溉，PRI）下番茄不同部位碳浓度的变化（Wei 等，2018a）

## 12.6　植株总干重、碳氮吸收量及其分配

如图 12-13 所示，茎、叶和果实在地上总干物质重中的分配比例分别是18%、41% 和 41% 左右。不考虑 $CO_2$ 浓度和灌溉方式，相比亏缺氮，充分氮

条件下茎和叶的分配比例明显偏低，而果实的分配比例较高。茎、叶和果实在总碳累积量中的分配比例分别为 18%、38% 和 44%。与亏缺氮植株相比，充分氮植株的茎和叶的分配比例明显降低，而果实的分配比例较高。植株的茎、叶和果实在总氮吸收量中的分配比例分别为 10%、39% 和 51%，但其在不同部位中的分配不受任何处理因素的影响。

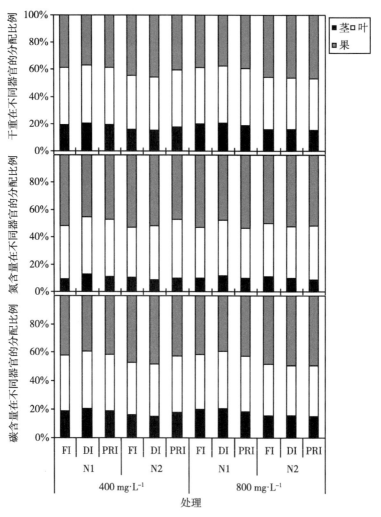

图 12-13　不同因素处理下番茄植株干重、碳氮含量
在地上不同器官的分配比例（魏镇华，2018）

番茄植株的地上总干物质重受到 $CO_2$ 浓度、施氮量和灌溉方式以及施氮量与灌溉方式交互作用的显著影响（表 12-3，图 12-14A）。升高的 $CO_2$ 浓

度、充分氮和充分灌溉相比于常规 $CO_2$ 浓度、亏缺氮和亏水灌溉方式的植株
具有更多的地上总干物质重。地上总碳累积量受到 $CO_2$ 浓度、施氮量和灌溉
方式以及施氮量与灌溉方式交互效应的显著影响（表 12-3，图 12-14C）。一
般情况下，与升高的 $CO_2$ 浓度、充分氮和充分灌溉方式相比，常规 $CO_2$ 浓
度、亏缺氮和亏水灌溉方式下生长的植株分别具有更多的总碳累积量。地上
总氮吸收量仅受施氮量的影响（表 12-3，图 12-14B）。不考虑 $CO_2$ 浓度和灌
溉方式，相比充分氮，在亏缺氮条件下的番茄植株具有较低的总氮吸收量。
此外，果实的干重与碳含量呈极显著的正相关关系（图 12-16）。

表 12-3　$CO_2$ 浓度、施氮量和灌溉方式对番茄水分和
氮素利用效率的三因素方差分析（Wei 等，2018a）

| 因素 | TDM | TC | TN | HI | PWU | $WUE_p$ | NUE |
|---|---|---|---|---|---|---|---|
| ［$CO_2$］ | *** | ** | ns | ns | ns | ns | ns |
| N | *** | *** | *** | *** | *** | * | *** |
| IRRI | ** | * | ns | ns | * | ns | ns |
| ［$CO_2$］× N | ns | ns | ns | ns | ns | ns | ns |
| ［$CO_2$］× IRRI | ns | ns | ns | ns | ns | ns | ns |
| N × IRRI | ** | ** | ns | ns | ns | ns | * |
| ［$CO_2$］× N × IRRI | ns | ns | ns | ns | ns | ns | ns |

注：表中为 $CO_2$ 浓度环境（［$CO_2$］）、氮素水平（N）和灌溉方式（IRRI）以及三因素交互效应的方差
分析对于番茄植株总干物质重（TDM），总碳累积量（TC），总氮吸收量（TN），收获指数（HI），耗
水量（PWU），干物质水平水分利用效率（$WUE_p$）和氮素利用效率（NUE）的影响。

## 12.7　水分和氮素利用效率

番茄植株的收获指数仅受到施氮量因素的影响（图 12-15A，表 12-3）。不
管哪个 $CO_2$ 浓度和灌溉方式，在充分氮条件下生长的植株比在亏缺氮条件
下的植株具有更高的收获指数。施氮量和灌溉方式均显著影响植株的耗水量
（图 12-15B，表 12-3）。不管哪个 $CO_2$ 浓度环境下，亏缺氮和亏水灌溉方式
的植株耗水量分别低于相应的充分氮和充分灌溉的植株。植株干物质量水平
的水分利用效率仅受到施氮量因素的显著影响（图 12-15C，表 12-3）。不考
虑 $CO_2$ 浓度和灌溉方式的因素，相比充分氮，在亏缺氮条件下生长的植株通
常具有更高的水分利用效率。与充分灌溉相比，亏水灌溉（亏缺灌溉和交替
灌溉）方式具有提高水分利用效率的趋势。植株的氮素利用效率受到施氮量

以及施氮量与灌溉方式交互作用的显著影响（图 12-15D，表 12-3）。不考虑 $CO_2$ 浓度和灌溉方式因素，在亏缺氮条件下生长的植株具有比在充分氮下生长的植株具有更高的氮素利用效率。升高的 $CO_2$ 浓度相比常规 $CO_2$ 浓度环境下的植株具有提高氮素利用效率的趋势。不同处理下植株的水分与氮素利用效率呈显著的正相关关系，表明交替灌溉在 $CO_2$ 浓度升高的环境下具有同时提高水分与氮素利用效率的潜力（图 12-16）。

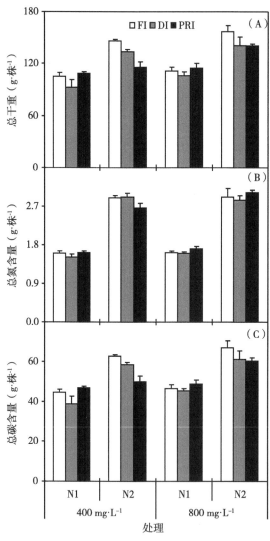

图 12-14　不同 $CO_2$ 浓度（400 mg·$L^{-1}$ 和 800 mg·$L^{-1}$）、施氮量（N1 和 N2）和灌溉方式（充分灌溉，FI；亏缺灌溉，DI；交替灌溉，PRI）下番茄总干重和碳氮含量的变化（Wei 等，2018a）

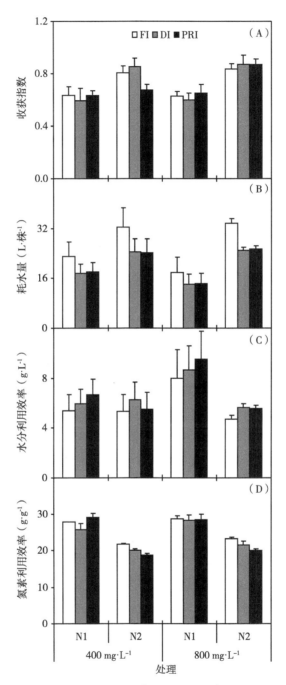

图 12-15 不同 $CO_2$ 浓度（400 mg·L$^{-1}$ 和 800 mg·L$^{-1}$）、施氮量（N1 和 N2）和灌溉方式（充分灌溉，FI；亏缺灌溉，DI；交替灌溉，PRI）下番茄水分和氮素利用效率的变化（Wei 等，2018a）

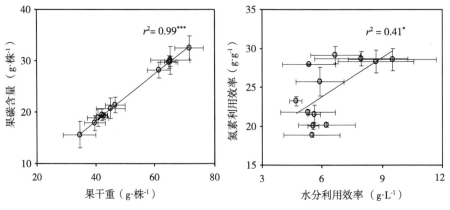

图 12-16　不同处理下番茄果实干重和碳含量、水分和
氮素利用效率的相关性（魏镇华，2018）

## 12.8　番茄果实产量

　　番茄单株果实数量仅受到施氮量的显著影响（图 12-17A，表 12-4），且在充分施氮量下生长的番茄植株具有比亏缺氮处理下更多的果实数量。番茄的单果鲜重没有受到 $CO_2$ 浓度、施氮量和灌溉方式的影响（图 12-17B，表 12-4）。果实产量分别受到 $CO_2$ 浓度、施氮量和灌溉方式的显著影响（图 12-17C，表 12-4）。升高的 $CO_2$ 浓度和充分施氮量处理的果实产量分别多于相应的常规 $CO_2$ 浓度和亏缺氮处理。在升高的 $CO_2$ 浓度环境下，亏缺氮条件下生长的充分灌溉处理番茄植株具有和亏缺灌溉以及交替灌溉植株同等水平的果实产量，充分氮条件下生长的交替灌溉处理番茄植株相比充分灌溉和亏缺灌溉处理的植株果实产量微弱减少，而在常规 $CO_2$ 浓度环境下生长的充分灌溉处理植株具有比亏缺灌溉和交替灌溉处理植株较高的果实产量。

## 12.9　番茄风味品质

　　番茄果实的硬度受到施氮量以及 $CO_2$ 浓度与施氮量，$CO_2$ 浓度与灌溉方式，$CO_2$ 浓度、施氮量与灌溉方式交互作用的显著影响（图 12-18A，

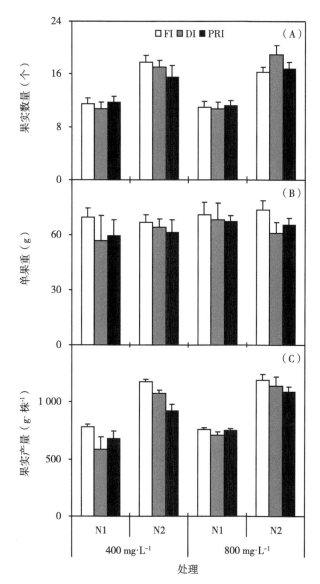

图 12-17 不同 $CO_2$ 浓度（400 mg·L$^{-1}$ 和 800 mg·L$^{-1}$）、施氮量（N1 和 N2）和灌溉方式（充分灌溉，FI；亏缺灌溉，DI；交替灌溉，PRI）下番茄果实产量的变化（Wei 等，2018a；魏镇华，2018）

表 12-4）。在充分施氮量与升高的 $CO_2$ 浓度环境下，亏水灌溉（亏缺灌溉和交替灌溉）植株具有比充分灌溉植株更大的果实硬度。果汁中可溶性固形物的含量受到 $CO_2$ 浓度和施氮量以及 $CO_2$ 浓度与施氮量交互效应（图 12-18B，表 12-4）的显著影响，在升高的 $CO_2$ 浓度环境下生长的植株具有比常规

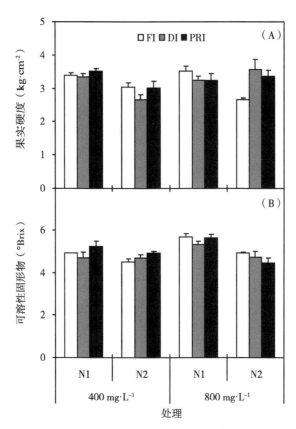

图 12-18　不同 $CO_2$ 浓度（400 mg·L⁻¹ 和 800 mg·L⁻¹）、施氮量（N1 和 N2）和灌溉方式（充分灌溉，FI；亏缺灌溉，DI；交替灌溉，PRI）下番茄果实硬度和可溶性固形物的变化（Wei 等，2018b）

表 12-4　$CO_2$ 浓度、施氮量和灌溉方式对番茄果实产量和风味品质的三因素方差分析（魏镇华，2018）

| 因素 | 果实数量 | 单果重 | 产量 | 果实硬度 | 可溶性固形物 | 总糖 | 总酸 | 糖酸比 |
|---|---|---|---|---|---|---|---|---|
| ［$CO_2$］ | ns | ns | * | ns | ** | ns | ns | ** |
| N | *** | ns | *** | ** | *** | * | *** | ** |
| IRRI | ns | ns | ** | ns | ns | ns | ns | * |
| ［$CO_2$］× N | ns | ns | ns | * | ** | ns | ** | *** |
| ［$CO_2$］× IRRI | ns | ns | ns | * | ns | ns | ns | ns |
| N × IRRI | ns | ns | ns | ns | ns | ns | ns | ns |
| ［$CO_2$］× N × IRRI | ns | ns | ns | ** | ns | ns | ns | ** |

注：表中为 $CO_2$ 浓度环境（［$CO_2$］）、氮素水平（N）和灌溉方式（IRRI）以及三因素交互效应的方差分析对各指标的影响。

*，** 和 *** 分别表示在 $P<0.05$，$P<0.01$ 和 $P<0.001$ 下具有显著水平；ns 表示不显著。下同。

$CO_2$ 浓度环境下更高的可溶性固形物含量，尤其是对于亏缺施氮量的处理更为显著。果实中总糖含量仅受到施氮量因素的影响（图 12-19A，表 12-4），且在亏缺氮条件下具有更多的总糖含量；在升高的 $CO_2$ 浓度环境下与充分灌溉相比，亏水灌溉处理（亏缺灌溉和交替灌溉）具有相对较多的总糖浓度。果实中有机酸浓度受到施氮量以及 $CO_2$ 浓度与施氮量交互效应（图 12-19B，表 12-4）的显著影响，在亏缺氮处理下升高的 $CO_2$ 浓度环境的番茄植株显著降低有机酸浓度，而在充分施氮量处理下其趋势恰巧相反。番茄果实中的糖酸比受到施氮量、灌溉方式，以及 $CO_2$ 浓度与施氮量，$CO_2$ 浓度、施氮量与灌溉方式交互效应的显著影响（图 12-19C，表 12-4）。不管哪个灌溉方式，在升高 $CO_2$ 浓度环境与亏缺氮处理下生长的植株相比其他处理具有最高的糖酸比。值得一提的是，在升高的 $CO_2$ 浓度与充分施氮量条件下，亏缺灌溉和交替灌溉具有比充分灌溉更高的番茄果实糖酸比。

## 12.10　番茄营养品质

番茄果汁中的 $NH_4^+$ 离子浓度受到施氮量以及 $CO_2$ 浓度与施氮量交互作用的影响（图 12-20A，表 12-5）。在充分施氮量处理下生长的植株具有比在亏缺氮处理下更高的 $NH_4^+$ 离子浓度，尤其是在升高的 $CO_2$ 浓度环境下生长的植株，$K^+$ 离子浓度受到 $CO_2$ 浓度以及 $CO_2$ 浓度与施氮量交互效应的显著影响（图 12-20B，表 12-5），升高的 $CO_2$ 浓度环境下比常规 $CO_2$ 浓度环境下的植株具有更高的 $K^+$ 离子浓度。$Mg^{2+}$ 离子浓度受到 $CO_2$ 浓度，以及 $CO_2$ 浓度与施氮量和 $CO_2$ 浓度与灌溉方式交互作用的显著影响（图 12-20C，表 12-5）。不考虑施氮量因素的影响，在升高的 $CO_2$ 浓度环境下，亏缺灌溉和交替灌溉的植株具有比在常规 $CO_2$ 浓度环境下更多的 $Mg^{2+}$ 离子浓度。果汁中的 $Ca^{2+}$ 离子浓度仅受到施氮量处理的影响（图 12-20D，表 12-5），且在常规 $CO_2$ 浓度环境的充分氮条件下具有较高的 $Ca^{2+}$ 离子浓度（魏镇华，2018）。

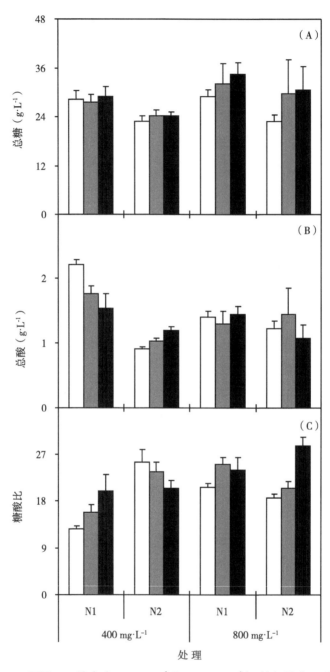

图 12-19　不同 $CO_2$ 浓度（400 mg·$L^{-1}$ 和 800 mg·$L^{-1}$）、施氮量（N1 和 N2）和灌溉方式（充分灌溉，FI；亏缺灌溉，DI；交替灌溉，PRI）下番茄果实糖酸含量的变化（Wei 等，2018b）

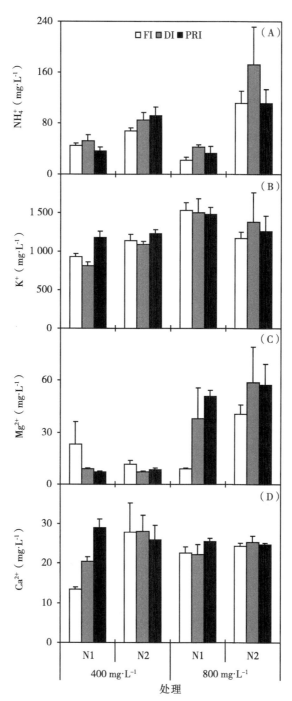

图 12-20　不同 $CO_2$ 浓度（400 mg·$L^{-1}$ 和 800 mg·$L^{-1}$）、施氮量（N1 和 N2）和灌溉方式（充分灌溉，FI；亏缺灌溉，DI；交替灌溉，PRI）下番茄果汁阳离子浓度的变化（Wei 等，2018b；魏镇华，2018）

表 12-5 $CO_2$ 浓度、施氮量和灌溉方式对番茄果实营养品质的
三因素方差分析（魏镇华，2018）

| 因素 | $NH_4^+$ | $K^+$ | $Mg^{2+}$ | $Ca^{2+}$ | $NO_3^-$ | $SO_4^{2-}$ | $PO_4^{3-}$ | 总阳离子 | 总阴离子 | 总离子 |
|---|---|---|---|---|---|---|---|---|---|---|
| $[CO_2]$ | ns | ** | *** | ns | * | ns | ns | *** | ns | ** |
| N | *** | ns | ns | * | ns | ns | ns | ns | ns | ns |
| IRRI | ns | ns | ns | ns | ns | ns | ns | ns | ns | ns |
| $[CO_2] \times N$ | * | * | * | ns | ** | ns | ns | ns | ns | ns |
| $[CO_2] \times IRRI$ | ns | ns | * | ns | ns | ns | ns | ns | ns | ns |
| $N \times IRRI$ | ns | ns | ns | ns | ns | ns | ns | ns | ns | ns |
| $[CO_2] \times N \times IRRI$ | ns | ns | ns | ns | ns | ns | ns | ns | ns | ns |

番茄果汁中的 $NO_3^-$ 离子浓度受到 $CO_2$ 浓度以及 $CO_2$ 浓度与施氮量交互作用的显著影响（图 12-21A，表 12-5）。对于亏缺施氮量的处理，升高的 $CO_2$ 浓度环境下生长的植株具有较高的 $NO_3^-$ 离子浓度，而对于充分施氮量处理下除了交替灌溉方式，其余的处理恰好有相反的规律。$SO_4^{2-}$ 和 $PO_4^{3-}$ 离子浓度不受 $CO_2$ 浓度、施氮量和灌溉方式因素的影响（图 12-21B 和 C，表 12-5）。

番茄果汁中总的阳离子浓度仅受到 $CO_2$ 浓度因素的影响（图 12-22A，表 12-5），$CO_2$ 浓度升高的植株相比常规 $CO_2$ 浓度的植株具有更高的总阳离子浓度。总的阴离子浓度不受任何 $CO_2$ 浓度、施氮量和灌溉方式因素的影响（图 12-22B，表 12-5）。总的离子浓度仅受到 $CO_2$ 浓度因素的显著影响（图 12-22C，表 12-5），且在升高的 $CO_2$ 浓度环境下生长的植株比常规 $CO_2$ 浓度环境下生长的植株具有更高的总离子浓度。不同处理下总的阳离子浓度和总的阴离子浓度呈显著的正相关关系，说明番茄果汁内阴、阳离子浓度的平衡与守恒（图 12-23）。

## 12.11　番茄果实综合品质的评价

### 12.11.1　熵权法确定番茄品质指标的权重

果实品质属性是一个综合的反应，不仅受到每个单一品质指标的响应变化，因此需要对果实品质众多指标采用数学方法进行综合评价，进而挑选出

具有代表性较优的综合品质属性，为节水、丰产、高效和优质的灌溉方式提供一定的理论基础与依据。在综合评价方法中，权重具有重要的基础作用，可以分析不同指标所占的地位。在本章研究中采用熵权法确定单一品质指标的权重系数。

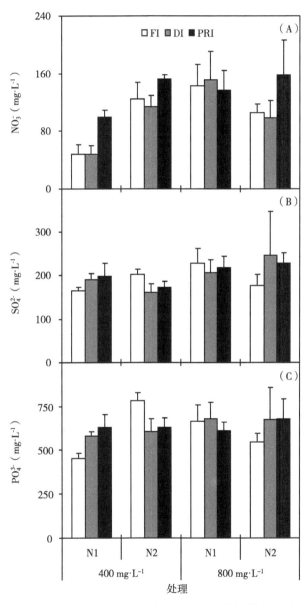

图 12-21　不同 $CO_2$ 浓度（400 mg·$L^{-1}$ 和 800 mg·$L^{-1}$）、施氮量（N1 和 N2）和灌溉方式（充分灌溉，FI；亏缺灌溉，DI；交替灌溉，PRI）下番茄果汁阴离子浓度的变化（魏镇华，2018）

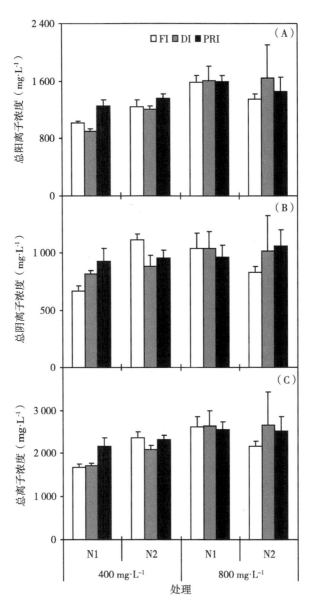

图 12-22　不同 $CO_2$ 浓度（400 mg·$L^{-1}$ 和 800 mg·$L^{-1}$）、施氮量（N1 和 N2）和灌溉方式（充分灌溉，FI；亏缺灌溉，DI；交替灌溉，PRI）下番茄果汁总阴、阳离子浓度的变化（魏镇华，2018）

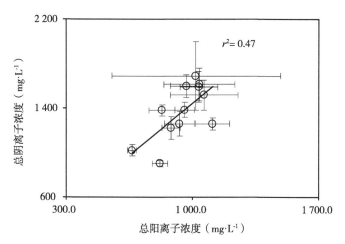

图 12-23　不同处理下番茄果汁中总阳离子和
总阴离子浓度的相关性（魏镇华，2018）

### 12.11.1.1　熵权法确定番茄品质指标权重的计算方法

熵权法是依据指标变异性的大小来确定客观的权重，目前已在众多领域得到了广泛的应用。一般来说，某个指标的信息熵越小，表明该指标的变异程度越大，提供的信息量越多，在综合评价中所能起到的作用也越大，其权重值也就越高。相反，某个指标的信息熵越大，表明该指标的变异程度越小，提供的信息量也越少，在综合评价中所起到的作用也越小，其权重值也就越低。

对于一个具有 $m$ 个处理，$n$ 个评价指标的系统，采用熵权法计算单一指标权重的步骤如下（表 12-6）。

（1）将各指标数据 $x_{ij}$ 进行标准化，计算如下：

$$R = \begin{bmatrix} r_{11} & r_{12} & \cdots & r_{1n} \\ r_{21} & r_{22} & \cdots & r_{2n} \\ \vdots & \vdots & \ddots & \vdots \\ r_{m1} & r_{m2} & \cdots & r_{mn} \end{bmatrix} \qquad (12-1)$$

式中：$r_{ij} = x_{ij} / \sum\limits_{i=1}^{m} x_{ij}$，$i=1$，2，3，$\cdots$，$m$；$j=1$，2，3，$\cdots$，$n$，下同。计算结果如表 12-6 所示。

（2）计算第 $j$ 项指标的熵值 $e_j$：

$$e_j = -k \sum_{i=1}^{m} p_{ij} (\ln p_{ij}) \qquad （12-2）$$

式中：常数项 $k$ 是一个与 $m$ 有关的数值，$k=1/\ln(m)$，为常数，$0 \leqslant e_j \leqslant 1$。

表 12-6　$CO_2$ 浓度、施氮量和灌溉方式下番茄果实
单一品质指标的标准化（魏镇华，2018）

| 处 理 | | FM | TSS | TA | TS | SAR | $NH_4^+$ | $K^+$ | $Mg^{2+}$ |
|---|---|---|---|---|---|---|---|---|---|
| 400 mg·L$^{-1}$ | N1 FI | 0.162 | −0.047 | 0.710 | 0.031 | −0.588 | −0.188 | −0.396 | −0.051 |
| | N1 DI | 0.111 | −0.192 | 0.324 | −0.035 | −0.376 | −0.141 | −0.554 | −0.259 |
| | N1 PRI | 0.302 | 0.189 | 0.138 | 0.081 | −0.096 | −0.249 | −0.067 | −0.282 |
| | N2 FI | −0.163 | −0.356 | −0.404 | −0.405 | 0.289 | −0.035 | −0.120 | −0.218 |
| | N2 DI | −0.543 | −0.192 | −0.297 | −0.296 | 0.161 | 0.085 | −0.188 | −0.279 |
| | N2 PRI | −0.185 | −0.047 | −0.158 | −0.290 | −0.053 | 0.132 | 0.012 | −0.260 |
| 800 mg·L$^{-1}$ | N1 FI | 0.297 | 0.516 | 0.018 | 0.091 | −0.038 | −0.347 | 0.407 | −0.257 |
| | N1 DI | 0.033 | 0.244 | −0.073 | 0.343 | 0.260 | −0.212 | 0.376 | 0.161 |
| | N1 PRI | 0.028 | 0.498 | 0.062 | 0.533 | 0.188 | −0.271 | 0.346 | 0.345 |
| | N2 FI | −0.533 | −0.047 | −0.127 | −0.420 | −0.189 | 0.269 | −0.079 | 0.197 |
| | N2 DI | 0.348 | −0.174 | 0.064 | 0.153 | −0.057 | 0.688 | 0.213 | 0.462 |
| | N2 PRI | 0.142 | −0.392 | −0.257 | 0.214 | 0.499 | 0.269 | 0.048 | 0.441 |

| 处 理 | | $Ca^{2+}$ | $NO_3^-$ | $SO_4^{2-}$ | $PO_4^{3-}$ | TAN | TCN | TN |
|---|---|---|---|---|---|---|---|---|
| 400 mg·L$^{-1}$ | N1 FI | −0.770 | −0.534 | −0.387 | −0.651 | −0.662 | −0.420 | −0.544 |
| | N1 DI | −0.264 | −0.540 | −0.098 | −0.175 | −0.294 | −0.569 | −0.512 |
| | N1 PRI | 0.348 | −0.126 | 0.001 | 0.003 | −0.035 | −0.127 | −0.103 |
| | N2 FI | 0.266 | 0.082 | 0.027 | 0.574 | 0.401 | −0.133 | 0.056 |
| | N2 DI | 0.280 | −0.005 | −0.431 | −0.078 | −0.146 | −0.179 | −0.181 |
| | N2 PRI | 0.127 | 0.296 | −0.297 | 0.015 | 0.033 | 0.015 | 0.023 |

（续）

| 处　理 | | $Ca^{2+}$ | $NO_3^-$ | $SO_4^{2-}$ | $PO_4^{3-}$ | TAN | TCN | TN |
|---|---|---|---|---|---|---|---|---|
| 800 mg·L$^{-1}$ | N1 FI | −0.110 | 0.227 | 0.321 | 0.127 | 0.219 | 0.292 | 0.288 |
| | N1 DI | −0.134 | 0.288 | 0.073 | 0.195 | 0.227 | 0.323 | 0.313 |
| | N1 PRI | 0.099 | 0.179 | 0.209 | −0.064 | 0.057 | 0.305 | 0.237 |
| | N2 FI | 0.017 | −0.076 | −0.239 | −0.299 | −0.268 | −0.007 | −0.105 |
| | N2 DI | 0.091 | −0.138 | 0.506 | 0.171 | 0.180 | 0.366 | 0.326 |
| | N2 PRI | 0.049 | 0.347 | 0.317 | 0.182 | 0.289 | 0.133 | 0.202 |

注：FM 为果实硬度，TSS 为可溶性固形物，TA 为总酸含量，TS 为总糖含量，SAR 为糖酸比，$NH_4^+$、$K^+$、$Mg^{2+}$ 和 $Ca^{2+}$ 分别为阳离子浓度，$NO_3^-$、$SO_4^{2-}$ 和 $PO_4^{3-}$ 分别为阴离子浓度，TAN 为总的阳离子浓度，TCN 为总的阴离子浓度，TN 为总离子浓度。下同。

（3）计算第 $j$ 项指标的差异系数 $d_j$：

$$d_j = 1 - e_j \tag{12-3}$$

（4）计算指标权重：

$$w_j = \frac{d_j}{\sum_{j=1}^{n} d_j} \tag{12-4}$$

### 12.11.1.2　熵权法确定番茄单一品质指标的权重

采用熵权法对本研究中总共 15 个番茄品质指标计算的综合品质指标权重如表 12-7 所示。结果表明，不论是果实的风味品质还是营养品质，单一品质指标的权重均在 0.063 ～ 0.070，变异性较小（魏镇华，2018）。

表 12-7　$CO_2$ 浓度、施氮量和灌溉方式对番茄果实单一
品质指标权重（魏镇华，2018）

| 项目 | FM | TSS | TA | TS | SAR | $NH_4^+$ | $K^+$ | $Mg^{2+}$ |
|---|---|---|---|---|---|---|---|---|
| 熵值 | 0.103 | 0.068 | 0.037 | 0.063 | 0.032 | 0.138 | 0.079 | 0.112 |
| 权重值 | 0.065 | 0.068 | 0.070 | 0.068 | 0.070 | 0.063 | 0.067 | 0.064 |
| 项目 | $Ca^{2+}$ | $NO_3^-$ | $SO_4^{2-}$ | $PO_4^{3-}$ | TAN | TCN | TN | |
| 熵值 | 0.048 | 0.059 | 0.122 | 0.073 | 0.071 | 0.106 | 0.099 | |
| 权重值 | 0.069 | 0.068 | 0.064 | 0.067 | 0.067 | 0.065 | 0.065 | |

## 12.11.2 近似理想解（TOPSIS）法确定番茄的综合品质

近似理想解（TOPSIS）法是近似理想解排序方法的简称。其基本原理是首先假设包含待评方案中各个指标最优值的一个理想方案和包含各个指标最差值的一个最坏方案，然后求得各待评方案分别与最优方案和最坏方案的距离，并由该结果计算待评方案与最优方案的相对接近程度，进而确定各待评方案的排名（表12-8）。具体计算步骤如下：

（1）番茄品质指标 $x_{ij}$ 标准化。

（2）确定理想解向量（$A^+$）和负理想解向量（$A^-$）。

$$A^+ = \left\{ r_1^+, r_2^+, \cdots, r_j^+, \cdots, r_n^+ \right\} = \left\{ (\max_i r_{ij} \mid j \in J_1), (\min_i r_{ij} \mid j \in J_2) i = 1, 2, ..., m \right\} \quad （12\text{-}5）$$

$$A^- = \left\{ r_1^-, r_2^-, \cdots, r_j^-, \cdots, r_n^- \right\} = \left\{ (\min_i r_{ij} \mid j \in J_1), (\max_i r_{ij} \mid j \in J_2) i = 1, 2, ..., m \right\} \quad （12\text{-}6）$$

式中：$J_1$ 指标为越大越好，$J_2$ 指标为越小越好。

（3）计算不同处理下番茄品质指标向量与理想解向量和负理想解向量的加权距离 $d_i$：

$$d_i^+ = \sqrt{\sum_{j=1}^n w_j (r_{ij} - r_j^+)^2} \text{ , } i=1, 2, \cdots, m \quad （12\text{-}7）$$

$$d_i^- = \sqrt{\sum_{j=1}^n w_j (r_{ij} - r_j^-)^2} \text{ , } i=1, 2, \cdots, m \quad （12\text{-}8）$$

式中：$\omega_j$ 为第 $j$ 项品质指标的权重值，即熵权法确定的权重。

（4）以不同处理下品质指标向量与理想解向量的接近程度作为番茄综合品质（$Q_1$）的度量：

$$Q_1 = \frac{d_i^-}{d_i^+ + d_i^-} \text{ , } i=1, 2, \cdots, m \quad （12\text{-}9）$$

式中：$0 \leq Q_1 \leq 1$，$Q_1$ 值越大，番茄果实的综合品质越好。

表 12-8　不同处理下 TOPSIS 法确定的番茄综合品质及其排序（魏镇华，2018）

| 处　理 | | FM | TSS | TA | TS | SAR | $NH_4^+$ | $K^+$ | $Mg^{2+}$ | $Ca^{2+}$ | $NO_3^-$ |
|---|---|---|---|---|---|---|---|---|---|---|---|
| 400 mg·$L^{-1}$ | N1 FI | 0.088 | 0.082 | 0.134 | 0.084 | 0.050 | 0.052 | 0.063 | 0.072 | 0.047 | 0.035 |
| | N1 DI | 0.086 | 0.079 | 0.106 | 0.082 | 0.062 | 0.060 | 0.055 | 0.027 | 0.071 | 0.035 |
| | N1 PRI | 0.091 | 0.088 | 0.093 | 0.086 | 0.078 | 0.042 | 0.080 | 0.022 | 0.100 | 0.072 |
| | N2 FI | 0.079 | 0.075 | 0.055 | 0.068 | 0.100 | 0.077 | 0.077 | 0.036 | 0.096 | 0.091 |
| | N2 DI | 0.069 | 0.079 | 0.062 | 0.072 | 0.093 | 0.097 | 0.074 | 0.023 | 0.097 | 0.083 |
| | N2 PRI | 0.078 | 0.082 | 0.072 | 0.073 | 0.080 | 0.105 | 0.084 | 0.027 | 0.089 | 0.110 |
| 800 mg·$L^{-1}$ | N1 FI | 0.091 | 0.095 | 0.085 | 0.087 | 0.081 | 0.026 | 0.104 | 0.028 | 0.078 | 0.104 |
| | N1 DI | 0.084 | 0.089 | 0.078 | 0.096 | 0.098 | 0.048 | 0.102 | 0.118 | 0.077 | 0.109 |
| | N1 PRI | 0.084 | 0.095 | 0.088 | 0.103 | 0.094 | 0.038 | 0.101 | 0.158 | 0.088 | 0.100 |
| | N2 FI | 0.069 | 0.082 | 0.074 | 0.068 | 0.073 | 0.128 | 0.079 | 0.126 | 0.084 | 0.076 |
| | N2 DI | 0.093 | 0.079 | 0.088 | 0.089 | 0.080 | 0.198 | 0.094 | 0.183 | 0.088 | 0.071 |
| | N2 PRI | 0.087 | 0.074 | 0.065 | 0.091 | 0.112 | 0.128 | 0.086 | 0.179 | 0.086 | 0.115 |
| | $A^+$ | 0.093 | 0.095 | 0.055 | 0.103 | 0.112 | 0.198 | 0.104 | 0.183 | 0.100 | 0.115 |
| | $A^-$ | 0.069 | 0.074 | 0.106 | 0.068 | 0.062 | 0.026 | 0.055 | 0.022 | 0.071 | 0.035 |

| 处　理 | | $SO_4^{2-}$ | $PO_4^{3-}$ | TAN | TCN | TN | $d^+$ | $d^-$ | $Q_1$ | 排序 |
|---|---|---|---|---|---|---|---|---|---|---|
| 400 mg·$L^{-1}$ | N1 FI | 0.069 | 0.060 | 0.059 | 0.063 | 0.061 | 0.064 | 0.020 | 0.26 | 11 |
| | N1 DI | 0.080 | 0.077 | 0.072 | 0.055 | 0.062 | 0.065 | 0.011 | 0.15 | 12 |
| | N1 PRI | 0.083 | 0.083 | 0.082 | 0.077 | 0.079 | 0.061 | 0.020 | 0.25 | 10 |
| | N2 FI | 0.084 | 0.104 | 0.098 | 0.077 | 0.086 | 0.051 | 0.031 | 0.38 | 7 |
| | N2 DI | 0.067 | 0.081 | 0.078 | 0.075 | 0.076 | 0.053 | 0.028 | 0.35 | 8 |
| | N2 PRI | 0.072 | 0.084 | 0.085 | 0.084 | 0.084 | 0.050 | 0.033 | 0.40 | 6 |
| 800 mg·$L^{-1}$ | N1 FI | 0.096 | 0.088 | 0.091 | 0.098 | 0.095 | 0.060 | 0.030 | 0.33 | 9 |
| | N1 DI | 0.086 | 0.090 | 0.092 | 0.099 | 0.096 | 0.043 | 0.041 | 0.49 | 5 |
| | N1 PRI | 0.091 | 0.081 | 0.085 | 0.098 | 0.093 | 0.043 | 0.046 | 0.52 | 4 |
| | N2 FI | 0.074 | 0.073 | 0.073 | 0.083 | 0.079 | 0.034 | 0.041 | 0.55 | 3 |
| | N2 DI | 0.103 | 0.090 | 0.090 | 0.101 | 0.097 | 0.019 | 0.065 | 0.78 | 1 |
| | N2 PRI | 0.095 | 0.090 | 0.094 | 0.090 | 0.092 | 0.020 | 0.058 | 0.74 | 2 |
| | $A^+$ | 0.103 | 0.104 | 0.098 | 0.101 | 0.097 | | | | |
| | $A^-$ | 0.067 | 0.073 | 0.072 | 0.055 | 0.062 | | | | |

TOPSIS 法确定的番茄果实综合品质排名见表 12-8。评价结果显示，在充分氮与升高的 $CO_2$ 浓度环境下亏缺灌溉、交替灌溉和充分灌溉方式的番茄植株的 $Q_1$ 值分别为 0.78、0.74 和 0.55，分列各处理中的第一、第二和第三位，说明在所有处理中升高的 $CO_2$ 浓度与充分氮条件下不同的灌溉方式处理具有最好的果实综合品质属性。

### 12.11.3　主成分分析法确定番茄综合品质

主成分分析法是将具有一定相关性的多个指标进行线性组合，成为一组相互独立的综合指标。根据主成分相关矩阵分析后确定的不同综合主成分，及与其贡献率的乘积对不同的处理进行优劣排序，从而对番茄的品质进行综合评价。具体计算步骤如下：

（1）假设有 $m$ 个评价对象，每个对象有 $n$ 个测定指标，形成数据矩阵 X。

$$X = \begin{pmatrix} X_{11} & X_{12} & \cdots & X_{1n} \\ X_{21} & X_{22} & \cdots & X_{2n} \\ \vdots & \vdots & \ddots & \vdots \\ X_{m1} & X_{m2} & \cdots & X_{mn} \end{pmatrix} \tag{12-10}$$

需要对低优指标进行同趋化处理，变为高优指标，以保证评价指标的优劣方向保持一致。其方法是在低优指标前加负号，即 $x'_{ij} = -x_{ij}$。

（2）对同趋化处理后的指标进行标准化，以消除不同量纲对评价指标的影响，公式如下：

$$Z_{ij} = \frac{X'_{ij} - \overline{X}'_j}{S_j} \tag{12-11}$$

式中：$Z_{ij}$ 为 $X'_{ij}$ 的标准化值；$\overline{X}'_j = \dfrac{\sum\limits_{i=1}^{n} X'_{ij}}{n}$，$S_j = \sqrt{\dfrac{\sum\limits_{i=1}^{n}(X'_{ij} - \overline{X}'_j)^2}{n-1}}$。

（3）计算标准化指标 $Z_j = (Z_{1j}, Z_{2j}, \cdots, Z_{nj})^T$ 的相关系数矩阵：

$$R = \begin{pmatrix} r_{11} & r_{12} & \cdots & r_{1n} \\ r_{21} & r_{22} & \cdots & r_{2n} \\ \cdots & \cdots & \cdots & \cdots \\ r_{n1} & r_{n2} & \cdots & r_{nn} \end{pmatrix} \tag{12-12}$$

式中：$r_{jk}$ 为评价变量 $X'_j$ 与 $X'_k$ 之间的相关系数，$k=1, 2, \cdots, n$。

（4）计算 R 的特征根分别记为 $\lambda_1, \lambda_2, \cdots, \lambda_n$ 并按降序排列，及与 $\lambda_k$ 相对应的特征向量 $\alpha_k = (\alpha_{k1}, \alpha_{k2}, \cdots, \alpha_{kn})^T$，进而得到第 $k$ 个主成分，记为 $f_{ik}$：

$$f_{ik} = \alpha_{k1}Z_{i1} + \alpha_{k2}Z_{i2} + \cdots + \alpha_{kn}Z_{in} \tag{12-13}$$

式中：$Z_{ip}$（$i=1, 2, \cdots, m$）为标准化处理后的评价指标值。计算结果见表 12-9。

一般选择主成分的累积方差贡献率达到 $\sum_{k=1}^{p}\eta_k \geqslant 85\%$ 的 $p$ 个主成分进行综合评价，本研究中依据表 12-9 选取 4 个主成分代表番茄果实品质的综合信息（魏镇华，2018）。

表 12-9　主成分分析确定的番茄果实品质特征向量、特征值和贡献率（魏镇华，2018）

| 主成分 | FM | TSS | TA | TS | SAR | $NH_4^+$ | $K^+$ | $Mg^{2+}$ | $Ca^{2+}$ |
|---|---|---|---|---|---|---|---|---|---|
| $f_1$ | 0.035 | -0.080 | -0.172 | -0.089 | 0.147 | -0.053 | -0.011 | -0.172 | 0.191 |
| $f_2$ | -0.187 | 0.253 | 0.007 | 0.147 | 0.019 | 0.036 | 0.257 | 0.273 | -0.082 |
| $f_3$ | 0.497 | -0.101 | 0.168 | 0.173 | -0.035 | -0.035 | -0.074 | -0.044 | -0.048 |
| $f_4$ | -0.041 | -0.339 | -0.024 | -0.040 | 0.010 | 0.486 | -0.072 | 0.384 | -0.042 |

| 主成分 | $NO_3^-$ | $SO_4^{2-}$ | $PO_4^{3-}$ | TAN | TCN | TN | 特征值 | 贡献率 % |
|---|---|---|---|---|---|---|---|---|
| $f_1$ | 0.086 | 0.066 | 0.265 | 0.212 | -0.032 | 0.057 | 7.21 | 48.09 |
| $f_2$ | 0.166 | -0.060 | -0.227 | -0.111 | 0.269 | 0.146 | 3.45 | 22.97 |
| $f_3$ | -0.165 | 0.343 | 0.218 | 0.166 | -0.083 | 0.008 | 1.83 | 12.18 |
| $f_4$ | -0.083 | 0.092 | -0.052 | -0.043 | 0.053 | 0.028 | 1.20 | 7.97 |

（5）计算不同处理的最大主成分分量 $d_i^+$ 和最小主成分分量 $d_i^-$：

$$d_i^+ = \sqrt{\sum_{j=1}^{m} w_j (f_{ij} - f_j^+)^2}, i = 1, 2, \cdots, n \tag{12-14}$$

$$d_i^- = \sqrt{\sum_{j=1}^{m} w_j (f_{ij} - f_j^-)^2}, i = 1, 2, \cdots, n \tag{12-15}$$

式中：$\omega_j$ 为第 $j$ 个主成分的方差贡献率，$f_j^+$ 和 $f_j^-$ 分别为 $m$ 个评价对象中第 $j$ 个品质主成分的最大值和最小值。

（6）以不同处理下番茄主成分向量和最大主成分向量 $f_j^+$ 的相对接近度作为番茄综合品质（$Q_2$）的度量：

$$Q_2 = \frac{d_i^-}{d_i^+ + d_i^-}, i = 1, 2, \cdots, n \tag{12-16}$$

主成分分析法确定的番茄果实综合品质排名见表 12-10。评价结果显示在充分氮与升高的 $CO_2$ 浓度环境下交替灌溉和亏缺灌溉方式的番茄植株 $Q_2$ 值分别为 0.65 和 0.59，分列各处理中的第一和第二位，说明在所有处理中升高的 $CO_2$ 浓度与充分施氮量条件下亏水灌溉，尤其是交替灌溉方式处理具有最好的果实综合品质属性（魏镇华，2018）。

表 12-10　主成分分析法确定的不同处理下番茄果实的
综合品质及其排序（魏镇华，2018）

| 处 理 | | 主要主成分 | | | | $d^+$ | $d^-$ | $Q_2$ | 排序 |
|---|---|---|---|---|---|---|---|---|---|
| | | $f_1$ | $f_2$ | $f_3$ | $f_4$ | | | | |
| 400 mg·L$^{-1}$ | N1 FI | −2.40 | −0.49 | 0.17 | −0.09 | 3.12 | 1.46 | 0.32 | 11 |
| | N1 DI | −0.85 | −1.70 | 0.71 | −0.18 | 2.50 | 0.95 | 0.28 | 12 |
| | N1 PRI | 0.18 | −0.62 | 0.63 | −1.08 | 1.78 | 1.23 | 0.41 | 8 |
| | N2 FI | 1.71 | −1.39 | 0.03 | −0.02 | 1.66 | 1.94 | 0.54 | 4 |
| | N2 DI | 0.39 | −0.49 | −1.72 | −0.02 | 1.85 | 1.12 | 0.38 | 10 |
| | N2 PRI | 0.40 | −0.09 | −1.01 | −0.18 | 1.62 | 1.25 | 0.44 | 7 |
| 800 mg·L$^{-1}$ | N1 FI | 0.37 | 0.69 | 0.77 | −1.52 | 1.46 | 1.68 | 0.54 | 5 |
| | N1 DI | 0.30 | 1.19 | 0.13 | −0.56 | 1.31 | 1.75 | 0.57 | 3 |
| | N1 PRI | −0.25 | 1.70 | 0.11 | −0.64 | 1.61 | 1.83 | 0.53 | 6 |
| | N2 FI | −0.63 | 0.47 | −1.79 | 0.92 | 2.08 | 1.26 | 0.38 | 9 |
| | N2 DI | 0.04 | 0.45 | 1.39 | 1.99 | 1.31 | 1.91 | 0.59 | 2 |
| | N2 PRI | 0.74 | 0.28 | 0.58 | 1.38 | 1.01 | 1.86 | 0.65 | 1 |
| | $A^+$ | 1.71 | 1.70 | 1.39 | 1.99 | | | | |
| | $A^-$ | −0.85 | −1.70 | −1.79 | −1.52 | | | | |
| | 权重 | 0.48 | 0.23 | 0.12 | 0.08 | | | | |

## 12.11.4　组合评价法确定番茄综合品质

如表 12-11 和表 12-12 所示，以上两种方法得到的番茄综合品质排序表明，TOPSIS 法与主成分分析法确定的综合品质排名顺序差异较大，只有前两名处理保持一致。本章研究有 $CO_2$ 浓度、施氮量和灌溉方式三个因素，因此其评价过程比较复杂，导致两种评价方法的排序结果相差较大（魏镇华，2018）。

表 12-11　番茄单一品质排序与 TOPSIS 法确定的综合品质排序的
Spearman 相关分析（魏镇华，2018）

| 指标 | FM | TSS | TA | TS | SAR | $NH_4^+$ | $K^+$ | $Mg^{2+}$ |
|---|---|---|---|---|---|---|---|---|
| 相关系数 | -0.11 | -0.16 | -0.42 | 0.31 | 0.49 | 0.57 | 0.53 | 0.79** |
| 指标 | $Ca^{2+}$ | $NO_3^-$ | $SO_4^{2-}$ | $PO_4^{3-}$ | TAN | TCN | TN | |
| 相关系数 | 0.17 | 0.45 | 0.50 | 0.44 | 0.50 | 0.74** | 0.67* | |

注：* 表示相关性达到显著水平（$p<0.05$），** 表示相关性达到极显著水平（$p<0.01$）。下同。

表 12-12　番茄单一品质排序与主成分分析法确定的综合品质排序的
Spearman 相关分析（魏镇华，2018）

| 指标 | FM | TSS | TA | TS | SAR | $NH_4^+$ | $K^+$ | $Mg^{2+}$ |
|---|---|---|---|---|---|---|---|---|
| 相关系数 | 0.29 | -0.11 | -0.41 | 0.52 | 0.76** | 0.19 | 0.74** | 0.61* |
| 指标 | $Ca^{2+}$ | $NO_3^-$ | $SO_4^{2-}$ | $PO_4^{3-}$ | TAN | TCN | TN | |
| 相关系数 | 0.16 | 0.63* | 0.80** | 0.88** | 0.91** | 0.82** | 0.89** | |

　　不同评价方法得到的评价结果有所差异，因而需要对评价结果较为接近的方法进行整合。组合评价法是目前应用较为广泛的一种综合评价方法，该方法寻求多种评价方法的折中，评价结果代表性较好。本文对 TOPSIS 法与主成分分析法的计算结果进行组合评价。具体计算步骤如下：

　　（1）对各方法组合评价值进行标准化处理，以消除数值在数量级上的差异。本研究中 TOPSIS 法与主成分分析法得到的综合品质指标具有相同的数量级别，因而不需要进行标准化处理。

　　（2）对两种方法得出的各处理综合排名序列分别与番茄单一品质指标排名序列进行 Spearman 相关分析，结果如表 12-11 和表 12-12 所示。TOPSIS 法中与综合品质排序呈正相关的指标为 12 个，显著正相关的指标为 3 个，分别占总指标和正相关指标的 80% 和 25%。主成分分析法中与综合品质排序呈正相关的指标为 13 个，显著正相关的指标为 9 个，分别占总指标和正相关指标的 86.67% 和 69.23%。这表明与 TOPSIS 法相比，主成分分析法确定的番茄综合品质与单一品质指标的吻合性较高，更能体现不同处理间的品质排序。

　　（3）将两种评价方法下的相关系数分别求和并进行归一化处理，获得两种方法的权重系数。

$$w_k = \rho_k / \sum_{j=1}^{m} \rho_j \qquad (12\text{-}17)$$

式中：$\rho_k$ 为各方法综合品质排序与单一品质排序的 Spearman 相关系数总和，$j=1, 2, \cdots, m$，$k=1, 2, \cdots, m$。

（4）计算各评价对象的组合评价值 $Q$，并对评价对象进行排序，计算结果见表 12-13。

$$Q = \sum_{j=1}^{m} w_j z_{ij} \qquad (12\text{-}18)$$

式中：$z_{ij}$ 为 TOPSIS 法和主成分分析法确定的番茄综合品质指标值，即 $Q_1$ 和 $Q_2$ 值。

（5）评价结果检验。计算组合评价结果与原方法评价结果的 Pearson 相关系数，根据相关系数的大小评判组合评价法。组合评价法 $t$ 与原评价方法的平均相关系数 $\rho_t$ 按式 12-19 计算。

$$\rho_t = \frac{1}{m} \sum_{j=1}^{m} \rho_{tj} \qquad (12\text{-}19)$$

如表 12-13 所示，组合评价的结果表明在充分氮与升高的 $CO_2$ 浓度环境下交替灌溉和亏缺灌溉方式的番茄植株 $Q$ 值分别为 0.69 和 0.67，分列各处理中的第一和第二位，说明在所有处理中升高的 $CO_2$ 浓度与充分施氮量条件下亏水灌溉，尤其是交替灌溉方式具有最好的果实综合品质属性（魏镇华，2018）。

表 12-13　组合评价法确定的不同处理下番茄果实的综合品质及其排序（魏镇华，2018）

| 处理 | | TOPSIS 法 | 权重（0.42） | 主成分分析法 | 权重（0.58） | 组合评价法 | |
|---|---|---|---|---|---|---|---|
| | | $Q_1$ | 排序 | $Q_2$ | 排序 | $Q$ | 排序 |
| 400 mg·L$^{-1}$ | N1 FI | 0.26 | 11 | 0.32 | 11 | 0.28 | 11 |
| | N1 DI | 0.15 | 12 | 0.28 | 12 | 0.22 | 12 |
| | N1 PRI | 0.25 | 10 | 0.41 | 8 | 0.34 | 10 |
| | N2 FI | 0.38 | 7 | 0.54 | 4 | 0.47 | 5 |
| | N2 DI | 0.35 | 8 | 0.38 | 10 | 0.36 | 9 |
| | N2 PRI | 0.40 | 6 | 0.44 | 7 | 0.42 | 8 |

（续）

| 处　理 | | TOPSIS 法 | | 权重<br>（0.42） | 主成分<br>分析法 | 权重<br>（0.58） | 组合评价法 | |
|---|---|---|---|---|---|---|---|---|
| | | $Q_1$ | 排序 | $Q_2$ | 排序 | $Q$ | 排序 |
| 800 mg·L$^{-1}$ | N1 FI | 0.33 | 9 | 0.54 | 5 | 0.45 | 6 |
| | N1 DI | 0.49 | 5 | 0.57 | 3 | 0.54 | 3 |
| | N1 PRI | 0.52 | 4 | 0.53 | 6 | 0.53 | 4 |
| | N2 FI | 0.55 | 3 | 0.38 | 9 | 0.45 | 7 |
| | N2 DI | 0.78 | 1 | 0.59 | 2 | 0.67 | 2 |
| | N2 PRI | 0.74 | 2 | 0.65 | 1 | 0.69 | 1 |

对两组合评价法得出的各处理综合排名序列分别与番茄单一品质指标排名序列进行 Spearman 相关分析的结果如表 12-14 所示。组合评价法中与综合品质排序呈正相关的指标为 13 个，显著正相关的指标为 9 个，分别占总指标和正相关指标的 86.67% 和 69.23%，与主成分分析法的结果保持一致，也说明组合评价法确定的番茄综合品质与单一品质指标的吻合性较高，较好地体现了不同处理间的品质排序。由表 12-15 可以看出，组合评价法与 TOPSIS 法和主成分分析法的 Person 相关系数分别为 0.860 和 0.944，均达到显著水平（$P<0.01$），说明组合评价法与之前两种方法的关系密切，可以很好地代表之前两种评价方法的综合信息（魏镇华，2018）。

表 12-14　番茄单一品质排序与组合评价法确定的综合品质排序的
Spearman 相关分析（魏镇华，2018）

| | FM | TSS | TA | TS | SAR | $NH_4^+$ | $K^+$ | $Mg^{2+}$ |
|---|---|---|---|---|---|---|---|---|
| 相关系数 | 0.12 | −0.09 | −0.43 | 0.54 | 0.76** | 0.26 | 0.73** | 0.77** |
| | $Ca^{2+}$ | $NO_3^-$ | $SO_4^{2-}$ | $PO_4^{3-}$ | TAN | TCN | TN | |
| 相关系数 | 0.08 | 0.61* | 0.76** | 0.73** | 0.81** | 0.85** | 0.87** | |

表 12-15　组合评价法事后检验结果（魏镇华，2018）

| 项　目 | TOPSIS | 主成分分析 | 平均系数 |
|---|---|---|---|
| Person 相关系数 | 0.860** | 0.944** | 0.902 |

## 12.12　本章讨论与结论

### 12.12.1　交替灌溉下 $CO_2$ 浓度升高对番茄水分与氮素利用效率的影响

在盆栽番茄整个水分处理期间，亏水灌溉，尤其是交替灌溉可以保持番茄叶片的光合速率，降低气孔导度和蒸腾速率，显著提高叶片内在和瞬时水分利用效率，这与之前的研究结果一致。氮肥供应不足可能会限制叶片的光合同化能力，并影响气孔关闭和植株生长（Bouranis 等，2014）。因而相比充分氮，亏缺氮可以显著降低叶片的光合速率，且其降低的程度大于气孔导度和蒸腾速率下降的程度，因此明显降低番茄叶片的水分利用效率。

众所周知，在升高的 $CO_2$ 浓度环境下生长的植株通常能够增强叶片的光合同化能力，同时降低叶片的气孔导度和蒸腾速率。较高的光合作用是通过叶绿体内 Rubisco 活性的调节来刺激叶片的羧化作用，抑制其氧化反应，从而积累更多的碳水化合物，促进植株生长和生物量的增多（Ainsworth 和 Long，2005），而气孔导度的降低主要是由于胞内 $CO_2$ 浓度的升高（$C_i$）和保卫细胞的去极化（Ainsworth 和 Rogers，2007），从而引起叶片蒸腾速率的降低，进而共同提高叶片的水分利用效率。本章研究中升高的 $CO_2$ 浓度环境下番茄叶片的水分利用效率得到了显著提高。因此，本研究的结果表明尽管不同处理因素对叶片水分利用效率的调控机理不同，然而在升高的 $CO_2$ 浓度环境下，亏水灌溉，尤其是交替灌溉方式与充分氮供应相结合能够协同提升叶片水平的水分利用效率。

之前的研究表明升高的 $CO_2$ 浓度环境可以降低叶片的气孔导度，保持植株的水分，改善其水分状况，而亏水灌溉通常会导致较低的叶片水势。与此相一致的是，本章研究中在升高的 $CO_2$ 浓度环境与充分灌溉方式下生长的植株通常比在常规 $CO_2$ 浓度环境与亏水灌溉方式下生长的植株具有更高的叶水势。而在所有处理中叶片的渗透势相互之间没有差异，这表明不同处理叶片细胞内存在着相似的溶质积累。此外，不考虑不同的灌溉方式和施氮量供应，提高的叶水势和维持的溶质势促使升高 $CO_2$ 浓度环境下番茄植株更高的叶片膨压和更好的水分状况（Yan 等，2017）。

本章研究发现地上部分的干物质重主要分配到叶片和果实中，其比例同为 41%。升高的 $CO_2$ 浓度环境下植株的茎、叶片和果实以及总的干物质重均高于常规 $CO_2$ 浓度环境下。充分灌溉通常比亏水灌溉（亏缺灌溉和交替灌溉）的植株具有更多的叶片和总的干物质重。同时，相比充分氮供应，亏缺氮处理下番茄植株具有较低的叶片、果实和总的干物质重、果实的分配比例以及收获指数。升高的 $CO_2$ 浓度环境和 / 或充足的氮素供应相结合可以提高叶片的光合同化能力，改善植株的生殖生长，促进更多的光合同化产物分配到果实，从而进一步提高植株地上干物质的总重。依据源库平衡原理，不足的氮肥供应会对植株的初级和次级代谢产物产生明显影响，降低植株对果实的分配，减少植株的收获指数（Bénard 等，2009）。对于充分灌溉方式，其叶片光合作用略强，可以在不影响果实干物质重的情况下增多叶片的干物质重，从而相比亏水灌溉可以得到相对较多的总干物质重。因此，本章研究结果表明升高的 $CO_2$ 浓度环境与充分的氮肥供应相结合可以优化植株干物质对果实的分配，减轻水分胁迫对番茄干物质量的亏缺影响。

虽然已有研究表明升高的 $CO_2$ 浓度环境下叶片气孔导度的下降可导致植株总耗水量的下降（Leakey 等，2009），而降低的气孔导度反而可以升高叶片的温度，进而提高叶片的蒸腾速率（Reddy 等，2010）。另外，在升高的 $CO_2$ 浓度下生长的植株拥有较多的叶片干物质重，且与较大的叶面积保持一致，从而促进整株番茄的蒸腾速率，进而提高总的耗水量。此外，升高的 $CO_2$ 浓度环境下分配到根系的同化物增多可以促进植株根系的生长，能够更多地吸收利用根系周围土壤中的水分，进而改善、缓解对植株的水分胁迫（Wullschleger 等，2002）。因此，本章研究中生长在升高的 $CO_2$ 浓度环境下的植株抵消了气孔开度减小的影响，提高了番茄植株水平的蒸腾速率，因而导致植株的总耗水量在常规与升高的 $CO_2$ 浓度环境之间是相似的，这有助于作物从根系吸收矿物质营养元素到植株的地上部分，以及碳水化合物运输到植株的各个组织部位中。另外，由于亏缺氮处理的植株明显降低光合速率，并限制了植株的营养与生殖生长，因而其相比充分氮处理植株耗水量显著降低。

在本章研究中，由于亏缺氮处理植株干物质重的下降幅度小于其耗水量的下降，因而其具有比充分氮处理更高的干物质水平的水分利用效率。此外，越来越多的证据表明由于水分消耗量的减少程度大于植物干物质重的下降程度，因而亏水灌溉，尤其是交替灌溉方式，相比充分灌溉或者亏缺灌溉可以明显改善、提高植株的水分利用效率。同样，本章研究发现不考虑 $CO_2$ 浓度和施氮量因素，与充分灌溉相比，亏水灌溉方式具有增大干物质水平的水分利用效率的趋势。另外，因为升高的 $CO_2$ 浓度和常规的 $CO_2$ 浓度环境植株耗水量相同，且植株干物质重的增多还不够充足，因而升高的 $CO_2$ 浓度环境下植株干物质水平的水分利用效率并没有明显提高。

有研究表明，植株体内氮元素在调节植株碳物质代谢中起着重要作用，这是因为氮元素是植株体内参与碳水化合物转运、代谢和利用所有相关酶的基本组成成分。亏水灌溉的植株具有较高的碳固定量和浓度主要是因为其拥有相对较低的干物质量，保持了同等程度的光合作用能力。本章研究可以明显地看出，尽管对番茄果实的碳浓度没有影响，在充分氮肥供应与亏水灌溉条件下植株的茎和叶片的碳浓度均有所提高。值得一提的是，在不考虑灌溉方式的情况下，在升高的 $CO_2$ 浓度环境和充分氮肥条件下生长的植株通常具有更多的总碳累积量，其到果实中的分配比例也更高。由于在升高的 $CO_2$ 浓度环境下充分氮肥供应的植株干物质重显著增多，因而在升高的 $CO_2$ 浓度条件下，充足的氮肥施用量有利于碳水化合物到果实中的运输分配，可以降低水分亏缺对番茄植株碳物质累积的不利影响。

在本章研究中植株地上部分氮元素吸收量的分配比例在果实中最高，茎中最低，叶片居中。充足的氮肥供应能够提高植株的生长发育和体内氮元素的营养含量。本章研究中充足氮肥供应的植株茎、叶和果实中的氮元素浓度以及总的氮元素吸收量均显著高于亏缺氮处理。亏水灌溉，尤其是交替灌溉，一般比充分灌溉具有更高的叶片、果实和总的氮元素吸收量。亏水灌溉，特别是交替灌溉方式能够引起土壤水分在时间和空间上的不均匀分布，进而刺激植株根系的生长，扩大了根系的表面积，有利于根系从湿润的土壤中吸收水分和矿物质营养成分（Wang 等，2012b）。另外，土壤中的氮素通常以有机氮的形式存在，交替灌溉土壤中多次的干燥和湿润侧根系的交替循环，可以显著影响土壤的物理、化学和生物过程而引起"Birch 效应"，加速有机氮的矿化程度，从而有更多无机氮进入根系表面周围的土壤溶液中，进而提高植株对矿物质氮元素的有效吸收。

　　有研究表明交替灌溉植株的叶片气孔导度和蒸腾速率下降，ABA 含量的增多可以降低木质部的静水压力，增强木质部与果实的连接，从而促使更多的水分和矿物质养分转移运输到果实中（Sun 等，2013b；Davies 等，2000）。本章研究中升高的 $CO_2$ 浓度环境显著降低了番茄植株叶片的氮元素浓度，而对茎和果实的氮元素浓度以及总的植株氮元素含量没有影响。众所周知，升高的 $CO_2$ 浓度环境下植株的氮元素浓度通常会下降，这主要是由于植株干物质量的增多对氮元素产生的稀释效应，以及对植株蒸腾运输流量的限制而造成的。然而，本章研究中发现相比常规 $CO_2$ 浓度环境，升高的 $CO_2$ 浓度条件下增多的干物质量和同等水平的耗水量将提高植株根系对氮元素的需求，使升高 $CO_2$ 浓度环境下植株总氮吸收量不降低。因此，在升高的 $CO_2$ 浓度环境下亏水灌溉，特别是交替灌溉与充足的氮肥供应能够提高番茄植株体内的氮元素含量。

　　植株的氮素利用效率已作为指示植株长期的碳元素获取与氮元素利用有效性的一个重要指标（Wan 等，2010b）。在亏缺氮供应条件下生长的植株一般会加剧叶片氮元素相对于碳元素的短缺。本章研究发现亏缺氮肥供应的氮素利用效率明显高于充分氮肥供应。另外，升高的 $CO_2$ 浓度环境下植株的氮素利用效率通常会得到提高，不过这种响应也可能会受到不同植株的生长和营养状况的影响。本章研究中，无论是哪种氮肥供应水平还是灌溉方式，由于植株中碳元素累积的程度大于氮元素吸收的程度，且常规和升高的 $CO_2$ 浓度环境下植株氮元素吸收量接近，因此相比常规 $CO_2$ 浓度环境，升高的 $CO_2$ 浓度环境下的植株都表现出具有提高氮素利用效率的趋势与潜力。

　　升高的 $CO_2$ 浓度环境下充足的氮肥供给能够显著提高番茄植株的光合能力，极大地降低叶片的气孔导度和蒸腾速率，从而显著提高叶片水平的水分利用效率。特别是升高的 $CO_2$ 浓度环境下的交替灌溉能够协同地降低植株的气孔导度和蒸腾速率，而保持叶片的水分状态和光合速率，进而显著提高番茄叶片水平的水分利用效率。升高的 $CO_2$ 浓度环境与充足的施氮量相结合能够增多植株的干物质量、碳元素累积量和氮元素吸收量。不论哪种 $CO_2$ 环境和灌溉方式，番茄仅在亏缺氮肥条件下具有较高的植株水平水分利用效率和氮素利用效率。研究结果将有助于在未来干旱和 $CO_2$ 浓度富集的环境中更有效地利用水资源和氮肥，指导番茄作物的施肥与灌溉。

## 12.12.2 交替灌溉下 $CO_2$ 浓度升高对番茄果实品质的影响

众所周知，亏缺的氮肥供应能够减少植株的营养生长、果实的坐果数量和鲜重产量。不考虑 $CO_2$ 浓度与灌溉方式的因素，亏缺氮肥植株的果实数量和果实产量明显低于充分氮肥植株。单果重在各个处理中是相似的，没有差异。因此，在亏缺氮肥条件下是减轻的单果重导致了果实产量的降低。有研究表明，在亏缺氮肥条件下生长的植株具有较低的光合能力，减少从叶片运转到果实的光合同化产物，从而降低果实的坐果数量和产量。同样，在升高的 $CO_2$ 浓度环境下比在常规 $CO_2$ 浓度环境下生长的植株具有更多的果实产量，这与 Ainsworth 和 Long（2005）的研究结果一致。也有研究发现升高的 $CO_2$ 浓度环境可以提高植株的果实产量或者干物质量。升高的 $CO_2$ 浓度环境下植株的 Rubisco 氧化酶活性降低可以导致叶片光呼吸速率的下降，进而提高净光合作用。因此，充足的氮肥供应和 / 或升高的 $CO_2$ 浓度环境相结合可以保持较高的光合作用速率从而显著提高番茄植株的果实产量。对于同一施氮量水平和灌溉方式，常规与升高的 $CO_2$ 浓度环境下植株在处理期间的土壤含水率变化之间没有显著差异，其耗水量因此基本上也是一致的，表明升高的 $CO_2$ 浓度环境下的植株并没有由于水分消耗的减少而影响单果重与果实产量的最终形成。

之前的研究已经表明与充分灌溉相比，亏缺灌溉和交替灌溉可以节约 25%～50% 的耗水量，而没有显著降低果实的产量或者干物质量，尽管有一些研究显示交替灌溉的番茄果实产量比充分灌溉明显降低。有研究表明交替灌溉相对于亏缺灌溉可以明显提高番茄产量和一些果实的品质属性。本章研究中在升高的 $CO_2$ 浓度环境下，亏水灌溉方式（亏缺灌溉和交替灌溉）番茄植株果实产量与充分灌溉方式下保持同等水平，而在常规 $CO_2$ 浓度环境下没有发现这种响应关系，这可能与灌溉水量的减少而导致果实产量的降低有关。有研究认为亏缺灌溉和交替灌溉的番茄果实可能与植株其他部分的木质部相互分离，这会限制 ABA 等木质部化学信号向果实的运输传导，进而限制水分胁迫对果实产量的负面影响。本章研究结果也清楚地表明在升高的 $CO_2$ 浓度环境下生长的番茄植株可以缓解水分胁迫对果实产量的负面影响。

本章研究发现在升高的 $CO_2$ 浓度与充分氮肥供应条件下亏缺灌溉和交替灌溉植株的果实硬度均高于充分灌溉，这表明升高的 $CO_2$ 浓度环境与亏水灌溉相结合时番茄果实具有更强的运输和贮藏特性。此外，在亏缺氮肥下生长的植株通常具有比在充分氮肥条件下更高的可溶性固形物、总糖和有机酸浓度。众所周知，不同的施氮量水平对果实初级和次级代谢产物的含量均有着明显影响。Simonne 等（2007）的研究表明有机酸浓度含量的增多与氮肥供应量的减少有关；而有的研究却发现相反的结果。这些结果的差异可能是由于不同品种和试验条件以及植株不一致的源库平衡造成的。

番茄果汁的总糖，有机酸浓度与糖酸比是影响番茄果实风味的主要生化品质属性（Domis 等，2001）。在本章研究亏缺氮肥条件下，相比常规 $CO_2$ 浓度，升高的 $CO_2$ 浓度植株具有较高的可溶性固形物和总糖浓度、较低的有机酸浓度。在亏缺氮与常规 $CO_2$ 浓度环境或充分氮与升高的 $CO_2$ 浓度环境下亏水灌溉，特别是交替灌溉的植株与充分灌溉的植株相比有增加总糖分、减少有机酸浓度的趋势，并且显著提高了番茄果实的糖酸比。许多研究认为亏水灌溉可以保持或者提高番茄果实主要的品质属性。在亏水灌溉方式下，较多的总糖、较少的有机酸以及较高的果汁糖酸比表明果实甜度风味的改善与提高（Hou 等，2017；Wang 和 Frei，2011）。番茄果实中可溶性固形物和总糖浓度的增多可以归结为基于生理调节的机理。首先，亏水灌溉方式的植株减少侧枝和地上部分的营养生长，进而可以相对改善番茄果实的库源活性，先前分配到侧枝的碳水化合物被转移到果实中，相应地增加了剩余果实中的同化物含量（Davies 等，2000；Patanè 和 Cosentino，2010）。其次，适度的水分亏缺可以在果实生长膨大的早期阶段促进果实积累更多的淀粉以及在果实逐渐成熟过程中促进更多的淀粉转化为糖分含量。最后，碳水化合物代谢酶（主要是转化酶）的活性对番茄果实中糖浓度的调控起着重要作用，其活性受到 ABA 水平的调控（Ruan 等，2010）。亏水灌溉，尤其是交替灌溉方式可以提高番茄植株的 ABA 浓度，从而激发转化酶的活性，导致果实中更多的可溶性固形物与糖分含量的累积（Ruan 等，2010）。

已经有研究表明 $CO_2$ 浓度的升高可以改善番茄等作物的光合作用和果实品质。Rubisco 含量和活性的提高可以促进叶片光合作用的增强。基于源库平衡原理（Peñuelas 和 Estiarte，1998），升高的 $CO_2$ 浓度环境可以增加碳水化合物的累积，例如可溶性固形物、不同的糖分与酸类的含量。在本章研究中升高的 $CO_2$ 浓度环境下植株的耗水量并没有减少，这也可以进一步促使同化产物向果实的转移与运输，从而改善并提高番茄果实的风味（Peñuelas 和 Estiarte，1998）。

果实中大量矿物质营养元素的多少与成分对番茄的营养品质有着显著的影响。本章研究发现氮肥的充足供应可以提高交替灌溉方式下果汁中的 $NH_4^+$ 和 $NO_3^-$ 离子的浓度，这进一步证实了土壤中氮肥的亏缺可以引起植株氮素营养吸收的不足。此外，无论哪种氮肥施用量，升高的 $CO_2$ 浓度环境下亏水灌溉方式（亏缺灌溉和交替灌溉）的植株并没有减少果汁中 $NH_4^+$、$Ca^{2+}$、$SO_4^{2-}$、$PO_4^{3-}$ 和总阴离子的浓度，而提高了 $K^+$、$Mg^{2+}$、$NO_3^-$、总阳离子和总离子的浓度。已有研究证明亏水灌溉方式下的土壤水分动态变化，尤其是交替灌溉引起的土壤干湿交替循环可以显著提高矿物质营养元素的生物有效性以及从土壤到植株根系的迁移，增强根系对矿物质元素的获取与吸收，从而提高植株矿物质营养状态与果实中的各种离子浓度。此外，亏水灌溉，特别是交替灌溉方式可以提高木质部与果实的连接，进而增加植株其他组织部位向果实内分配离子浓度的比例。

采用荟萃分析法对大量试验研究结果的总结分析表明，在升高的 $CO_2$ 浓度环境下，植株的矿物质营养元素浓度相比常规 $CO_2$ 浓度环境平均下降 8% 左右（Loladze，2014），这主要是由于蒸腾速率的下降引起的物质流通量的降低，进而影响了从周围土壤到根系表面营养元素的吸收利用，以及有限的根系对营养物质的汲取能力和更多的植株生物量造成的对营养元素浓度的稀释效应。在本章研究中升高的 $CO_2$ 浓度与常规 $CO_2$ 浓度环境下的番茄植株具有相似的耗水量，这意味着与常规 $CO_2$ 浓度相比，升高的 $CO_2$ 浓度环境具有相似的物质流通量。此外，有研究表明在升高的 $CO_2$ 浓度条件下分配到根系的同化物比例也相应增多，从而促进根系的生长，增强其从周围土壤吸收更多矿物质营养元素的能力，进而提高果实果汁中各种离子的浓度（Idso 和 Idso，2001；Wullschleger 和 Tschaplinski，2002）。因此，土壤水分胁迫和 $CO_2$ 浓度富集环境降低矿物质营养的吸收效应在本章研究中并不明显，而且在升高的 $CO_2$ 浓度环境下交替灌溉方式可以显著提高番茄果汁中一些矿物质营养元素的离子浓度，有利于果实品质的改善与提升。

　　本章研究分别采用 TOPSIS 法、主成分分析法和组合评价法对番茄果实 15 个不同品质参数的综合属性进行了评价。TOPSIS 法分析表明在充足的氮肥供应和高 $CO_2$ 环境下，亏水灌溉的果实综合品质属性明显优于其他任一因素处理。主成分分析法表明在充足的氮肥供应和高 $CO_2$ 环境下，亏水灌溉，特别是交替灌溉方式下的果实综合品质属性明显优于其他任一因素处理。组合评价法得到的主要结果与主成分分析法的结果一致。因此在高 $CO_2$ 环境下交替灌溉的番茄植株可以得到更优的果实综合品质。

　　不论哪种灌溉方式和 $CO_2$ 浓度环境，亏缺的氮肥供应虽然减少了番茄果实的数量和产量，但可以提高果实品质。升高的 $CO_2$ 浓度环境下生长的植株可以减轻亏水灌溉对果实产量的亏缺响应。组合评价法分析表明，在氮肥施用量充足的条件下，升高的 $CO_2$ 浓度环境与亏水灌溉，特别是交替灌溉相结合可以明显提高番茄果实的综合品质。这些研究发现对未来更加干旱和 $CO_2$ 富集的环境下采用农艺措施来保持番茄果实的产量和品质具有重要和深远的意义。

# 参 考 文 献

胡笑涛，康绍忠，张建华，等，2005. 番茄垂向分根区交替控制滴灌室内试验及节水机理
　　［J］. 农业工程学报，21（7）：1-5.

冯绪猛，罗时石，胡建伟，等，2003. 农药对水稻叶片丙二醛及叶绿素含量的影响［J］. 核
　　农学报，17（6）：481-484.

高青海，魏珉，杨凤娟，等，2008. 黄瓜幼苗干物质积累、膨压及光合速率对铵态氮和硝态
　　氮的响应［J］. 植物营养与肥料学报，14（1）：120-125.

郭亚芬，米国华，陈范骏，等，2005. 硝酸盐对玉米侧根生长的影响［J］. 植物生理与分子
　　生物学学报，31（1）：90-96.

吉艳芝，巨晓棠，刘新宇，等，2010. 不同施氮量对冬小麦田氮去向和气态损失的影响
　　［J］. 水土保持学报，24（3）：113-118.

巨晓棠，张福锁，2003. 中国北方土壤硝态氮的累积及其对环境的影响［J］. 生态环境，12
　　（1）：24-25.

李合生，2000. 植物生理生化实验原理和技术［M］. 北京：高等教育出版社.

李彩霞，孙景生，周新国，等，2011. 隔沟交替灌溉条件下玉米根系形态性状及结构分布
　　［J］. 生态学报，31（14）：3956-3963.

李培玲，张富仓，贾运岗，2010. 不同沟灌方式对棉花氮素吸收和氮肥利用的影响［J］. 植
　　物营养与肥料学报. 16（1）：145-152.

李平，齐学斌，樊向阳，等，2009. 分根区交替灌溉对马铃薯水氮利用效率的影响［J］. 农
　　业工程学报，25（6）：92-95.

梁继华，李伏生，唐梅，等，2006. 分根区交替灌溉对盆栽甜玉米水分及氮素利用的影响
　　［J］. 农业工程学报，22（10）：68-72.

刘小刚，张彦，张富仓，等，2013. 交替灌溉下不同水氮供给对番茄产量和品质的影响
　　［J］. 水土保持学报，27（4）：283-287.

刘贤赵，宿庆，刘德林，2010. 根系分区不同灌水上下限对茄子生长与产量的影响［J］. 农
　　业工程学报，26（6）：52-57.

刘新宇，巨晓棠，张丽娟，等，2010. 不同施氮水平对冬小麦季化肥氮去向及土壤氮素平衡
　　的影响［J］. 植物营养与肥料学报，16（2）：296-303.

马莉，唐健元，李祖伦，等，2006. 板蓝根提取物中总有机酸和水杨酸含量测定方法研究
　　［J］. 中国中药杂志，31（10）：804-806.

潘丽萍，李彦，唐立松，2009. 局部根区灌溉对棉花主要生理生态特性的影响 [J]. 中国农业科学，42（8）：2982-2986.

潘英华，康绍忠，杜太生，等，2002. 交替隔沟灌溉土壤水分时空分布与灌水均匀性研究 [J]. 中国农业科学，35（5）：531-535.

潘英华，康绍忠，2000. 交替隔沟灌溉水分入渗规律及其对作物水分利用的影响 [J]. 农业工程学报，16（1）：39-43.

王海红，束良佐，周秀杰，等，2009. 局部根区水分胁迫下氮对玉米生长的影响 [J]. 核农学报，23（4）：686-691.

张丽娟，巨晓棠，高强，等，2005. 两种作物对土壤不同层次标记硝态氮利用的差异 [J]. 中国农业科学，38（2）：333-340.

周秀杰，王海红，束良佐，等，2010. 局部根区水分胁迫下氮形态与供给部位对玉米幼苗生长的影响 [J]. 应用生态学报，21（8）：2017-2024.

张强，徐飞，王荣富，等，2014. 控制性分根交替灌溉下氮形态对番茄生长、果实产量及品质的影响 [J]. 应用生态学报，25（12）：3547-3555.

王春辉，祝鹏飞，束良佐，等，2014. 分根区交替灌溉和氮形态影响土壤硝态氮的迁移利用 [J]. 农业工程学报，30（11）：92-101.

魏镇华，2018. 交替灌溉下 $CO_2$ 浓度升高对番茄的节水调质效应与气孔导度模拟研究 [D]. 北京：中国农业大学.

ABRISQUETA J M, MOUNZER O, ALVAREZ S, et al., 2008. Root dynamics of peach trees submitted to partial rootzone drying and continuous deficit irrigation [J]. Agricultural Water Management, 95: 959-967.

AINSWORTH E A, LONG S P, 2005. What have we learned from 15 years of free-air $CO_2$ enrichment (FACE)? A meta-analytic review of the responses of photosynthesis, canopy properties and plant production to rising $CO_2$ [J]. New Phytologist, 165(2): 351-372.

AINSWORTH E A, ROGERS A, 2007. The response of photosynthesis and stomatal conductance to rising [$CO_2$]: mechanisms and environmental interactions [J]. Plant, Cell and Environment, 30(3): 258-270.

AUSTIN A T, YAHDJIAN L, STARK J M, et al., 2004. Water pulses and biogeochemical cycles in arid and semiarid ecosystems [J]. Oecologia, 141: 221-235.

BALESDENT J, MARIOTTI A, 1996. Measurement of soil organic matter turnover using $^{13}$C natural abundance [M]. In: Boutton TW, Yamasaki S. (Eds.), Mass Spectrometry of Soil. Marcel Dekker, New York, 83-111.

BÉNARD C, GAUTIER H, BOURGAUD F, et al., 2009. Effects of low nitrogen supply on tomato (*Solanum lycopersicum*) fruit yield and quality with special emphasis on sugars, acids, ascorbate, carotenoids, and phenolic compounds [J]. Journal of Agricultural and Food

Chemistry, 57（10）: 4112-4123.

BIRCH H F, 1958. The effect of soil drying on humus decomposition and nitrogen availability [J]. Plant and soil, 10: 9-31.

BORKEN W, MATZNER E, 2009. Reappraisal of drying and wetting effects on C and N mineralization and fluxes in soils [J]. Global Change Biology, 15: 808-824.

BOURANIS D L, DIONIAS A, Chorianopoulou S N, et al., 2014. Distribution profiles and interrelations of stomatal conductance, transpiration rate and water dynamics in young maize laminas under nitrogen deprivation [J]. American Journal of Plant Sciences, 5（5）: 659-670.

BROOKS P D, STARK J M, MCINTEER B B, et al., 1989. Diffusion method to prepare soil extracts for automated nitrogen-15 analysis [J]. Soil Science Society of America Journal, 53: 1707-1711.

BUTTERLY C R, BÜNEMANN E K, McNeill A M, et al., 2009. Carbon pulses but not phosphorus pulses are related to decreases in microbial biomass during repeated drying and rewetting of soils [J]. Soil Biology and Biochemistry, 41: 1406-1416.

CASALS P, GIMENO C, CARRARA A, et al., 2009. Soil $CO_2$ efflux and extractable organic carbon fractions under simulated precipitation events in a Mediterranean Dehesa [J]. Soil Biology and Biochemistry, 41: 1915-1922.

CASSMAN K G, DOBERMANN A, Walters D T, 2003. Agroecosystems, nitrogen-use efficiency, and nitrogen management [J]. AMBIO: A Journal of the Human Environment, 31（2）: 132-140.

CLARK M S, HORWATH W R, SHENNAN C, et al., 1999. Nitrogen, weeds and water as yield-limiting factors in conventional, low-input, and organic tomato systems [J]. Agriculture, Ecosystems and Environment, 73: 257-270.

DAVIES W J, BACON M A, THOMPSON D S, et al., 2000. Regulation of leaf and fruit growth in plants growing in drying soil: exploitation of the plants' chemical signalling system and hydraulic architecture to increase the efficiency of water use in agriculture [J]. Journal of Experimental Botany, 51（350）: 1617-1626.

DU T, KANG S, ZHONG J, et al., 2006. Yield and physiological responses of cotton to partial root-zone irrigation in the oasis field of northwest China [J]. Agricultural Water Management, 84（1）: 41-52.

DAVIES W J, WILKINSON S, LOVEYS B R, 2002. Stomatal control by chemical signalling and the exploitation of this mechanism to increase water use efficiency in agriculture [J]. New Phytologist, 153: 449-460.

DE SOUZA C R, MAROCO J P, DOS SANTOS T, et al., 2003. Partial rootzone drying: regulation of stomatal aperture and carbon assimilation in field grown grapevines（ *Vitis vinifera* cv. Moscatel )[ J ]. Functional Plant Biology, 30: 653-662.

DE SOUZA C R, MAROCO J P, DOS SANTOS T P, et al., 2005. Impact of deficit irrigation on water use efficiency and carbon isotope composition ( $\delta^{13}C$ ) of field-grown grapevines under Mediterranean climate[ J ]. Journal of Experimental Botany, 56: 2163-2172.

DENEF K, SIX J, BOSSUYT H, et al., 2001a. Influence of dry-wet cycles on the interrelationship between aggregate, particulate organic matter, and microbial community dynamics[ J ]. Soil Biology and Biochemistry, 3: 1599-1611.

DENEF K, SIX J, PAUSTIAN K, et al., 2001b. Importance of macroaggregate dynamics in controlling soil carbon stabilization: short term effects of physical disturbance induced by dry-wet cycles[ J ]. Soil Biology and Biochemistry, 33: 2145-2153.

DODD I C, THEOBALD J C, BACON M A, et al., 2006. Alternation of wet and dry sides during partial rootzone drying irrigation alters root-to-shoot signalling of abscisic acid[ J ]. Functional Plant Biology, 33 ( 12 ): 1081-1089.

DODD I C, 2009. Rhizosphere manipulations to maximize 'crop per drop' during deficit irrigation[ J ]. Journal of Experimental Botany, 60: 1-6.

DODD I C, 2007. Soil moisture heterogeneity during deficit irrigation alters root-to-shoot signaling of abscisic acid[ J ]. Functional Plant Biology, 34: 439-448.

DODD I C, PUÉRTOLAS J, HUBER K, et al., 2015. The importance of soil drying and re-wetting in crop phytohormonal and nutritional responses to deficit irrigation[ J ]. Journal of Experimental Botany, 66 ( 8 ): 2239-2252.

DOMIS M, PAPADOPOULOS A P, GOSSELIN A, 2001. Greenhouse tomato fruit quality[ J ]. Horticultural Reviews, 26: 239-349.

FARQUHAR G D, RICHARDS P, 1984. Isotope composition of plant carbon correlates with water-use efficiency of wheat genotypes. Australian Journal of Plant Physiology[ J ]. 11: 539-552.

FIERER N, SCHIMEL J P, 2003. A proposed mechanism for the pulse in carbon dioxide production commonly observed following the rapid rewetting of a dry soil[ J ]. Soil Science Society of America Journal, 67: 798-805.

GALLOWAY J N, TOWNSEND A R, ERISMAN J W, et al., 2008. Transformation of the nitrogen cycle: recent trend, questions, and potential solutions[ J ]. Science, 320: 889-892.

GARCÍA J G, MARTINEZ-CUTILLAS A, Romero P, 2012. Financial analysis of wine grape production using regulated deficit irrigation and partial root-zone drying strategies[ J ]. Irrigation Science, 30: 179-188.

GILLABEL J, DENEF K, BRENNER J, et al., 2007. Carbon sequestration and soil aggregation in center-pivot irrigated and dryland cultivated farming systems[ J ]. Soil Science Society of

America Journal, 71: 1020-1028.

GOLLAN T, SCHURR U, SCHULZE E D, 1992. Stomatal response to drying soil in relation to changes in the xylem sap concentration of *Heliantus annuus*. I. The concentration of cations, anions, amino acids in, and pH of, the xylem sap [ J ]. Plant, Cell and Environment 15: 551-559.

GOODGER J Q D, SCHACHTMAN D P, 2010. Nitrogen source influences root to shoot signaling under drought. In: Pareek A, Sopory SK, Bohnert HJ, Govindjee, eds. Abiotic Stress Adaptation in Plants: Physiology, Molecular and Genomic Foundation [ M ]. Springer Netherlands, 165-173.

GORSKA A, Ye Q, HOLBROOK N M, et al, 2008. Nitrate control of root hydraulic properties in plants: Translating local information to whole plant responses [ J ]. Plant physiology, 148: 1159-1167

HIREL B, GOUIS J L, NEY B, et al., 2007. The challenge of improving nitrogen use efficiency in crop plants: towards a more central role for genetic variability and quantitative genetics within integrated approaches [ J ]. Journal of Experimental Botany, 58: 2367-2387.

HÖGBERG P, 1997. $^{15}$N natural abundance in soil-plant systems [ J ]. New Phytologist, 137: 179-203.

HOU M M, JIN Q, LU X Y, et al., 2017. Growth, water use, and nitrate-$^{15}$N uptake of greenhouse tomato as influenced by different irrigation patterns, $^{15}$N labeled depths, and transplant times [ J ]. Frontiers in Plant Science, 8: 666.

HU T, KANG S, LI F, et al., 2009. Effect of partial root-zone irrigation on the nitrogen absorption and utilization of maize [ J ]. Agricultural Water Management, 96: 208-214.

HU T T, KANG S Z, LI F S, et al., 2011. Effect of partial root-zone irrigation on hydraulic conductivity in the soil-root system of maize plant [ J ]. Journal of Experimental Botany, 62: 4163-4172.

IDSO S B, IDSO K E, 2001. Effects of atmospheric $CO_2$ enrichment on plant constituents related to animal and human health [ J ]. Environmental and Experimental Botany, 45 ( 2 ): 179-199.

JENSEN C R, BATTILANI A, PLAUBORG F, et al., 2010. Deficit irrigation based on drought tolerance and root signaling in potatoes and tomatoes [ J ]. Agricultural Water Management, 98: 403-413.

JENSEN K D, BEIER C, MICHELSEN A, et al., 2003. Effects of experimental drought on microbial processes in two temperate healthlands at contrasting water conditions [ J ]. Applied Soil Ecology, 24: 165-176.

JOERGENSEN R G, ANDERSON T H, WOLTERS V, 1995. Carbon and nitrogen relationships in the microbial biomass of soils in beech ( *Fagus sylvatica* L. ) forests [ J ]. Biology and

Fertility of Soils, 19: 141-147.

JONES D L, SHANNON D, MURPHY DV, et al., 2004. Role of dissolved organic nitrogen (DON) in soil N cycling in grassland soils[J]. Soil Biology and Biochemistry, 36: 749-756.

JOVANOVIC Z, STIKIC R, RADOVIC B V, et al., 2010. Partial root-zone drying increases WUE, N and antioxidant content in field potatoes[J]. European Journal Agronomy, 33: 124-131.

KANG S, LIANG Z, HU W, et al., 1998. Water use efficiency of controlled alternate irrigation on root-divided maize plants[J]. Agricultural Water Management, 38(1): 69-76.

KERLEY S J, JARVIS S C, 1996. Preliminary studies of the impact of excreted N on cycling and uptake of N in pasture systems using natural abundance stable isotope discrimination[J]. Plant and Soil, 178: 287-294.

KILLHAM K, 1994. Soil Ecology[M]. UK: Cambridge University Press.

KIRDA C, TOPCU S, CETIN M, et al., 2007. Prospects of partial root zone irrigation for increasing irrigation water use efficiency of major crops in the Mediterranean region[J]. Annals of Applied Biology, 150: 281-291.

KIRDA C, TOPCU S, KAMAN H, et al., 2005. Grain yield response and N-fertilizer recovery of maize under deficit irrigation[J]. Field Crops Research, 93: 132-141.

KNIGHT F H, BRINK P P, COMBRINK N J J, et al., 2000. Effect of nitrogen source on potato yield and quality in the Western Cape[J]. FSSA Journal, 157-158.

LAL R, KIMBLE J, FOLLETT R, et al., 1998. The potential of US cropland to sequester C and mitigate the greenhouse effect[M]. Lewis Publishers, USA.

LEAKEY A D, AINSWORTH E A, BERNACCHI C J, et al., 2009. Elevated $CO_2$ effects on plant carbon, nitrogen, and water relations: six important lessons from FACE[J]. Journal of Experimental Botany, 60(10): 2859-2876.

LI F, YU J, NONG M, et al., 2010. Partial root-zone irrigation enhanced soil enzyme activities and water use of maize under different ratios of inorganic to organic nitrogen fertilizers[J]. Agricultural Water Management, 97: 231-239

LI Z, ZHANG F, KANG S, 2005. Impacts of the controlled roots divided alternative irrigation on water and nutrient use of winter wheat[J]. Transactions of Chinese Society of Agricultural Engineering, 21: 17-21.

LI X N, JIANG D, LIU F L, 2016. Dynamics of amino acid carbon and nitrogen and relationship with grain protein in wheat under elevated $CO_2$ and soil warming[J]. Environmental and Experimental Botany, 132: 121-129.

LIU F L, JENSEN C R, Shahnazari A, et al., 2005. ABA regulated stomatal control and photosynthetic water use efficiency of potato(*Solanum tuberosum* L.)during progressive soil drying[J]. Plant Science, 168: 831-836.

LIU F L, SHAHNAZARI A, ANDERSEN M N, et al., 2006. Physiological responses of potato ( *Solanum tuberosum* L.)to partial root-zone drying: ABA signaling, leaf gas exchange, and water use efficiency[J]. Journal of Experimental Botany, 57: 3727-3735.

LIU F L, ANDERSEN M N, JENSEN C R, 2009. Capability of the 'Ball-Berry' model for predicting stomatal conductance and water use efficiency of potato leaves under different irrigation regimes[J]. Scientia Horticulturae, 122: 346-354.

LIU C X, RUBŒK G H, LIU F L, et al., 2015. Effect of partial root zone drying and dificit irrigation on nitrogen and phosphorus uptake in potato[J]. Agricultural Water Management, 159: 66-76.

LOLADZE I, 2014. Hidden shift of the ionome of plants exposed to elevated $CO_2$ depletes minerals at the base of human nutrition[J]. elife, 3: e02245.

LOLADZE I, 2002. Rising atmospheric $CO_2$ and human nutrition: Toward globally imbalanced plant stoichiometry?[J]. Trends in Ecology and Evolution, 17(10): 457-461.

LOVEYS B R, STOLL M, DRY P, et al., 2000. Using plant physiology to improve the water use efficiency of horticultural crops[J]. Acta Horticulturae, 537: 187-197.

LOVEYS B R, 1984. Diurnal changes in water relations and abscisic acid in field grown *Vitis vinifera cultivars* III. The influence of xylem-derived abscisic acid on leaf gas exchange[J]. New Phytologist, 98: 563-573.

MAGID J, KJÆRGAARD C, Gorissen A, et al., 1999. Drying and rewetting of a loamy sand soil did not increase the turnover of native organic matter, but retarded the decomposition of added 14C-labelled plant material[J]. Soil Biology and Biochemistry, 31: 595-602.

MIKHA M M, Rice C W, Milliken G A, 2005. Carbon and nitrogen mineralization as affected by drying and wetting cycles[J]. Soil Biology and Biochemistry, 37: 339-347.

MINGO D M, THEOBALD J C, BACON M A, et al., 2004. Biomass allocation in tomato ( *Lycopersicum esculentum* )plants grown under partial rootzone drying: Enhancement of root growth[J]. Functional Plant Biology, 31: 971-978.

MYERS S S, ZANOBETTI A, KLOOG I, et al., 2014. Increasing $CO_2$ threatens human nutrition[J]. Nature, 510(7503): 139-142.

NANNIPIERI P, PAUL E, 2009.The chemical and functional characterization of soil N and its biotic components[J]. Soil Biology and Biochemistry, 41: 2357-2369.

PARKIN T B, KASPAR T C, 2003. Temperature controls on diurnal carbon dioxide flux: Implications for estimating soil carbon loss[J]. Soil Science Society of America Journal, 67: 1763-1772.

PATANÈ C, COSENTINO S L, 2010. Effects of soil water deficit on yield and quality of

processing tomato under a Mediterranean climate[J]. Agricultural Water Management, 97
(1): 131-138.

PAUL E A, CLARK F E, 1996. Soil Microbiology and Biochemistry[M]. Third edition.
Academic Press, New York, USA.

PAZZAGLI P T, WEINER J, LIU F L, 2016. Effects of $CO_2$ elevation and irrigation regimes on
leaf gas exchange, plant water relations, and water use efficiency of two tomato cultivars[J].
Agricultural Water Management, 169: 26-33.

PEÑUELAS J, ESTIARTE M, 1998. Can elevated $CO_2$ affect secondary metabolism and
ecosystem function?[J]Trends in Ecology and Evolution, 13(1): 20-24.

RAVEN J A, SMITH F A, 1976. Nitrogen assimilation and transport in vascular land plants in
relation to intrcellular pH regulation[J]. New phytologist, 76: 415-431.

REDDY A R, RASINENI G K, RAGHAVENDRA A S, 2010. The impact of global elevated
$CO_2$ concentration on photosynthesis and plant productivity[J]. Current Science, 99(1):
46-57.

RUAN Y L, JIN Y, YANG Y J, et al., 2010. Sugar input, metabolism, and signaling mediated
by invertase: roles in development, yield potential, and response to drought and heat[J].
Molecular Plant, 3(6): 942-955.

SADRAS V O, 2009. Does partial root-zone drying improve irrigation water productivity in the
filed? A meta-analysis[J]. Irrigation Science, 27: 183-190.

SHAHNAZARI A, LIU F, Andersen M N, 2007. Effects of partial root-zone drying on yield,
tuber size and water use efficiency in potato under field conditions[J]. Field Crops Research,
100(1): 117-124.

SHAHNAZARI A, AHMADI S H, LAERKE P E, et al., 2008. Nitrogen dynamics in the soil-
plant system under deficit and partial root-zone drying irrigation strategies in potatoes[J].
European Journal of Agronomy, 28: 65-73.

SIMONNE A H, FUZERE J M, SIMONNE E, et al., 2007. Effects of nitrogen rates on chemical
composition of yellow grape tomato grown in a subtropical climate[J]. Journal of Plant
Nutrition, 30(6): 927-935.

SPARLING G P, MURPHY D V, THOMPSON R B, et al., 1995. Short-term net N
mineralization from plant residues and gross and net N mineralization from soil organic matter
after rewetting of a seasonally dry soil[J]. Australian Journal of Soil Research, 33: 961-973.

STENBERG B, JOHANSSON M, PELL M, et al., 1998. Microbial biomass and activities in
soil as affected by frozen and cold storage[J]. Soil Biology and Biochemistry 30, 393-402.

SUN Y Q, YAN F, LIU F L, 2013a. Drying/rewetting cycles of the soil under alternate partial
root-zone drying irrigation reduce carbon and nitrogen retention in the soil-plant systems of

potato [ J ]. Agricultural Water Management, 128: 85-91.

SUN Y Q, FENG H, LIU F L, 2013b. Comparative effect of partial root-zone drying and deficit irrigation on incidence of blossom-end rot in tomato under varied calcium rates [ J ]. Journal of Experimental Botany, 64 ( 7 ): 2107-2116.

SUN Y Q, CUI X Y, LIU F L, 2015. Effect of irrigation regimes and phosphorus rates on water and phosphorus use efficiencies in potato [ J ]. Scientia Horticulturae, 190: 64-69.

SWIFT M J, HEAL O W, Anderson J M, 1979. Decomposition in Terrestrial Ecosystems [ J ]. Study in Ecology, 5 ( 14 ): 2772-2774.

SANZ-SÁEZ Á, ERICE G, ARANJUELO I, et al., 2010. Photosynthetic down-regulation under elevated $CO_2$ exposure can be prevented by nitrogen supply in nodulated alfalfa [ J ]. Journal of Plant Physiology, 167 ( 18 ): 1558-1565.

TILMAN D, CASSMAN K G, MATSON P A, et al., 2002. Agricultural sustainability and intensive production practices [ J ]. Nature, 418: 671-677.

TAUB D R, WANG X Z, 2008. Why are nitrogen concentrations in plant tissues lower under elevated $CO_2$? A critical examination of the hypotheses [ J ]. Journal of Integrative Plant Biology, 50 ( 11 ): 1365-1374.

TAUSZ-POSCH S, DEMPSEY R W, SENEWEERA S, et al., 2015. Does a freely tillering wheat cultivar benefit more from elevated $CO_2$ than a restricted tillering cultivar in a water-limited environment? [ J ]. European Journal of Agronomy, 64: 21-28.

TOPCU S, KIRDA C, DASGAN Y, et al., 2007. Yield response and N-fertiliser recovery of tomato grown under deficit irrigation [ J ]. European Journal of Agronomy, 26: 64-70.

VAN GESTEL M, MERCKX R, VLASSAK K, 1993. Microbial biomass responses to soil drying and rewetting: the fate of fast-and slowgrowing microorganisms in soils from different climates [ J ]. Soil Biology and Biochemistry, 25: 109-123.

VANCE E D, BROOKES P C, JENKINSON D S, 1987. An extraction method for measuring soil microbial C [ J ]. Soil Biology and Biochemistry, 19: 703-707.

VANDELEUR R, NIEMIETZ C, TILBROOK J, et al., 2005. Roles of aquaporins in root responses to irrigation [ J ]. Plant and Soil, 274: 141-161.

WALCH-LIU P, NEUMANN G, BANGERTH F, et al., 2000. Rapid effects of nitrogen form on leaf morphogenesis in tobacco [ J ]. Journal of Experimental Botany, 51 ( 343 ): 227-237.

WANG J, KANG S, LI F, et al., 2008. Effects of alternate partial root-zone irrigation on soil microorganism and maize growth [ J ]. Plant and Soil, 302: 45-52

WANG H Q, LIU F L, ANDERSEN M N, et al., 2009. Comparative effects of partial root-zone drying and deficit irrigation on nitrogen uptake in potatoes ( *Solanum tuberosum* L. ) [ J ]. Irrigation Science, 27: 443-448.

WANG Y S, LIU F L, ANDERSEN M N, et al., 2010a. Improved plant nitrogen nutrition contributes to higher water use efficiency in tomatoes under alternate partial root-zone irrigation[J]. Functional Plant Biology, 37(2): 175-182.

WANG YS, LIU FL, DE NEERGAARD A, et al., 2010b. Alternate partial root-zone irrigation induced dry/wet cycles of soils stimulate N mineralization and improve N nutrition in tomatoes [J]. Plant and Soil, 337: 167-177.

WANG Y S, LIU F L, ANDERSEN M N, et al., 2010c. Carbon retention in the soil-plant system under different irrigation regimes[J]. Agricultural Water Management, 98: 419-424.

WANG Y S, ZHANG Y L, 2010d. Soil phosphorus distribution and availability as affected by greenhouse subsurface irrigation[J]. Journal of Plant Nutrition and Soil Science, 173: 345-352.

WANG Y S, LIU F L, Jensen C R, 2012a. Comparative effects of deficit irrigation and alternate partial root-zone irrigation on xylem pH, ABA and ionic concentrations in tomatoes[J]. Journal of Experimental Botany, 63(5): 1907-1917.

WANG Y S, LIU F L, Jensen C R, 2012b. Comparative effects of partial root-zone irrigation and deficit irrigation on phosphorus uptake in tomato plants[J]. Journal of Horticultural Science and Biotechnology, 87(6): 600-604.

WANG Y S, ZHANG Y L, 2012c. Soil inorganic phosphorus fractionation and availability under greenhouse subsurface irrigation[J]. Communications in Soil Science and Plant analysis, 43: 519-532.

WANG Y S, LIU F L, Jensen L S, et al., 2013. Alternate partial root-zone irrigation improves fertilizer-N use efficiency in tomatoes[J]. Irrigation Science, 31: 589-598.

WANG Y S, JENSEN C R, Liu F L, 2017a. Nutritional responses to soil drying and rewetting cycles under partial root-zone drying irrigation[J]. Agricultural Water Management, 179: 254-259

WANG Y S, JANZ B, Engedal T, et al., 2017b. Effect of irrigation regimes and nitrogen rates on water use efficiency and nitrogen uptake in maize[J]. Agricultural Water Management, 179: 271-276.

WANG Z C, LIU F L, KANG S Z, et al., 2012d. Alternate partial root-zone drying irrigation improves nitrogen nutrition in maize(Zea mays L.)leaves[J]. Environmental and Experimental Botany, 75: 36-40.

WEI Z H, DU T S, LI X N, et al., 2018a. Interactive effects of $CO_2$ concentration elevation and nitrogen fertilization on water and nitrogen use efficiency of tomato grown under reduced irrigation regimes[J]. Agricultural Water Management, 202: 174-182.

WEI Z H, DU T S, LI X N, et al., 2018b. Interactive effects of elevated $CO_2$ and N fertilization on yield and quality of tomato grown under reduced irrigation regimes. Frontiers in Plant Science, 9: 328.

WEI Z H, FANG L, LI X N, et al., 2020. Effects of elevated atmospheric $CO_2$ on leaf gas exchange response to progressive drought in barley and tomato plants with different endogenous ABA levels[J]. Plant and Soil, 447: 431-446.

WINTER J P, ZHANG Z, TENUTA M, et al., 1994. Measurement of microbial biomass by fumigation-extraction in soil strored frozen[J]. Soil Science Society of America Journal, 58: 1645-1651.

WULLSCHLEGER S D, TSCHAPLINSKI T J, Norby R J, 2002. Plant water relations at elevated $CO_2$-implications for water-limited environments[J]. Plant, Cell and Environment, 25(2): 319-331.

XIANG S R, DOYLE A, HOLDEN P A, et al., 2008. Drying and rewetting effects on C and N mineralization and microbial activity in surface and subsurface California grassland soils[J]. Soil Biology and Biochemistry, 40: 2281-2289.

YAN F, LI X N, LIU F L, 2017. ABA signaling and stomatal control in tomato plants exposure to progressive soil drying under ambient and elevated atmospheric $CO_2$ concentration[J]. Environmental and Experimental Botany, 139: 99-104.

ZEGBE J A, BEHBOUDIAN M H, Clothier B E, 2004. Partial rootzone drying is a feasible option for irrigating processing tomatoes[J]. Agricultural Water Management, 68(3): 195-206.

ZEGBE J A, BEHBOUDIAN M H, Clothier B E, 2006. Responses of 'Petopride' processing tomato to partial rootzone drying at different phenological stages[J]. Irrigation Science, 24: 203-210.

ØRUM J E, BOESEN M V, Jovanovic Z, et al., 2010. Farmer's incentive to save water with new irrigation systems and water taxation—a case study of Sebian potato production[J]. Agricultural Water Management, 98: 465-471.